徐州工程学院学术著作出版资金资助项目

基于CSI的煤矿井下指纹定位方法研究

张 雷 著

中国矿业大学出版社
·徐州·

内容提要

煤炭是我国主要的能源，保障煤矿安全生产一直是国家关注的重点，井下人员定位系统在提高煤矿安全生产水平过程中发挥着重要作用。基于接收信号强度的指纹定位方法因其稳定性和易实现性，成为井下定位技术发展的主要方向。然而信号强度易受环境干扰，定位精度不高，无法满足未来井下应用的精度需求。因此，研究井下高精度指纹定位方法具有十分重要的理论价值和实际意义。本书从信道状态信息(CSI)机理出发，首先介绍了如何利用CSI建立路径传输模型，进而阐述了CSI幅相指纹的构造方法，然后又提出了一种指纹融合方式提高构造指纹的可分辨性，最后提出了一种指纹匹配算法来实现定位。

本书可作为高等院校电子、计算机、自动化等相关专业的高年级研究生和博士生的专业参考资料，也可以作为从事井下定位工作的工程技术人员和科研工作者的参考书。

图书在版编目(CIP)数据

基于CSI的煤矿井下指纹定位方法研究/张雷著.—
徐州:中国矿业大学出版社,2023.12
ISBN 978-7-5646-4904-3

Ⅰ.①基… Ⅱ.①张… Ⅲ.①煤矿开采—矿山通信—定位—方法研究 Ⅳ.①TD65

中国国家版本馆CIP数据核字(2023)第237935号

书　　名　基于CSI的煤矿井下指纹定位方法研究
著　　者　张　雷
责任编辑　仓小金
出版发行　中国矿业大学出版社有限责任公司
　　　　　　(江苏省徐州市解放南路　邮编 221008)
营销热线　(0516)83885370　83884103
出版服务　(0516)83995789　83884920
网　　址　http://www.cumtp.com　**E-mail**:cumtpvip@cumtp.com
印　　刷　徐州中矿大印发科技有限公司
开　　本　787 mm×1092 mm　1/16　**印张** 7.75　**字数** 205 千字
版次印次　2023年12月第1版　2023年12月第1次印刷
定　　价　46.00元

前　言

煤炭是我国主要的能源，保障煤矿安全生产一直是国家关注的重点，井下人员定位系统在提高煤矿安全生产水平过程中发挥着重要作用。基于接收信号强度的指纹定位方法因其易实现性，成为井下定位技术发展的主要方向。然而信号强度易受环境干扰，定位精度不高，无法满足未来井下应用的精度需求。因此，研究井下高精度指纹定位方法具有十分重要的理论价值和实际意义。当前井下指纹定位面临三个主要问题：① 缺少用于生成高精度指纹的特征；② 缺少适用于无线接入点带状稀疏分布的指纹；③ 单个指纹对位置描述不准确。本书针对以上问题开展研究工作。

(1) 研究影响井下指纹定位的因素，验证接收信号强度不适用于生成高精度指纹。通过研究信道状态信息与传输路径的关系，提出了基于信道状态信息的路径传输模型，为将信道状态信息用于构造指纹提供理论支撑。通过与接收信号强度进行对比验证了信道状态信息具备细粒度特性，可以从幅度和相位两个维度描绘不同位置的差异性，更适合用于井下高精度指纹定位。

(2) 信道状态信息由幅度和相位两部分组成。针对幅度指纹构造，首先分析幅度噪声来源，提出使用多种滤波器来抑制噪声对幅度的干扰，然后结合多天线特性，生成幅度指纹；针对相位指纹构造，分析造成相位测量误差的因素，提出一种线性变换算法对相位误差进行处理，然后通过研究传输路径与信道状态信息相位的关系，建立由子载波相位构造成的汉克尔矩阵，最后通过利用范德蒙德矩阵分解方法分解汉克尔矩阵进而得到路径相位，将得到的路径相位生成相位指纹。分别在井下视距和非视距和场景中进行实验，实验结果表明基于信道状态信息的指纹定位方法的平均定位误差要比基于接收信号强度指纹定位方法降低约55%。

(3) 为了进一步提高指纹定位精度，研究指纹定位中离线训练阶段网格划分对定位精度的影响，综合模糊C均值聚类(Fuzzy C-means，FCM)算法和线性判别分析(Linear Discriminant Analysis，LDA)算法的优点，并利用量子遗传算法快速准确的寻优特性，提出一种基于量子遗传算法的模糊LDA指纹融合方法，利用量子遗传算法寻找最优的模糊因子实现对指纹特征波动的抑制。实验结果表明该方法能够有助于细化网格，平均定位误差相对于处理前指纹下降约20%。

(4) 传统指纹定位方法中都是使用单个指纹对位置进行描述，由于指纹是时变的，单个指纹不能准确表示出位置和指纹特征的关系，因此针对单个指纹对位置描述不准确问题，提出将单个指纹变成序列指纹对位置进行描述，并借助深度学习网络，提出了一种针对可变长度序列的时差长短期记忆网络的序列指纹匹配方法，实验结果表明，在视距场景中，序列指纹的平均定位误差为1.48 m，相比于单个指纹定位方法平均误差约降低25%，相比于基于接收信号强度的指纹定位方法平均误差下降约72%；在非视距场景中，序列指纹的平均定位误差为1.71 m，相比于单个指纹定位方法平均误差约降低28%，相比于基于接收信号强度的指纹定位方法平均误差下降约71%。

著　者

2023年12月

目　录

1 绪　论

1.1 研究背景与意义

近些年来，我国能源结构正在向多元化发展，然而煤炭作为我国主要能源的现状在短期内很难发生改变，图 1-1 是我国的能源结构分布图，从图中可以看出在我国能源结构中，原煤占比 68.6%，原油占比 7.6%，天然气占比 5.5%，水电、核电、风电等占比 18.3%[1]，预计到 2020 年国内一次能源消费总量在 48 亿吨标准煤左右，煤炭消费比重约为 62%，由此可以看出煤炭仍是我国的主体能源[2]。如何提高煤矿安全生产水平一直是国家关注的重点，为此国家提出了煤矿井下安全避险“六大系统”，人员定位系统作为煤矿六大系统之一，是保障煤矿安全生产的重要组成部分。未来伴随着增强现实、虚拟现实等新型技术的发展，越来越多的基于位置服务的应用将在井下进行推广使用[3]，现有的井下定位精度将不能满足这些应用的需求，因此研究井下精确定位方法既具备理论价值也具备工程应用价值。

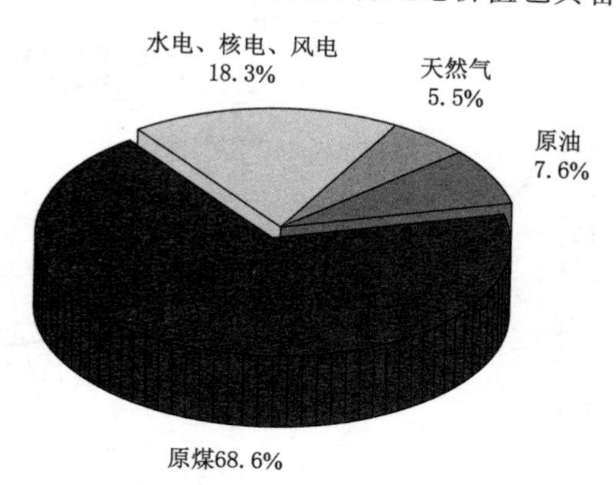

图 1-1　我国能源结构

目前的井下人员定位系统主要还是利用射频识别技术实现区域监测[4-5]，然而，该监测系统只能够获取井下人员所在的区域信息，无法获取人员准确位置。随着井下信息化改造，部分煤矿已将 WiFi 网络部署在井下，一些基于 WiFi 的定位系统也逐步在井下投入使用，这些系统的定位精度一般在 5～8 m 左右[6-12]，相比于 RFID 定位系统，基于 WiFi 定位系统在定位精度上得到大幅提升。

从定位方法来分，基于 WiFi 的定位技术主要可以分为两类。一类是测距方法：测距法主要是利用阴影衰落模型建立距离和接收信号强度值(Received Signal Strength Indication,RSSI)的关系,进而求取被定位目标到多个接入点(Access Point,AP)的距离[13],最后利用三边或多边定位法估计出被定位目标的坐标[14]。图 1-2 是三边法的测量示意图。

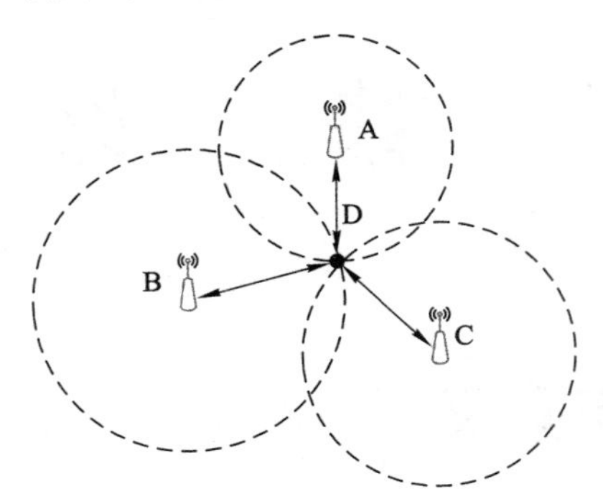

图 1-2　三边测量法示意图

基于测距的定位方法是直接应用阴影衰落模型计算被定位点到 AP 的距离,然而由于井下信号多径效应使得直接使用阴影衰落模型会产生较大的误差[15-16],图 1-3 对比了井下实际测量的信号强度值和通过模型生成的信号强度值,从图中可以看出由于多径效应,实际信号强度值与通过模型生成的信号强度值相差很大,从而导致距离计算不准确。针对阴影衰落型不准确问题,许多学者做了相关的改进,如文献[17]利用高斯滤波的方法分段计算模型中动态路径损耗因子和环境参量;文献[18]研究了阴影衰落模型中距离和信号强度值的关系,提出了一种融合了概率区间交叠定位算法和多边界质心算法。

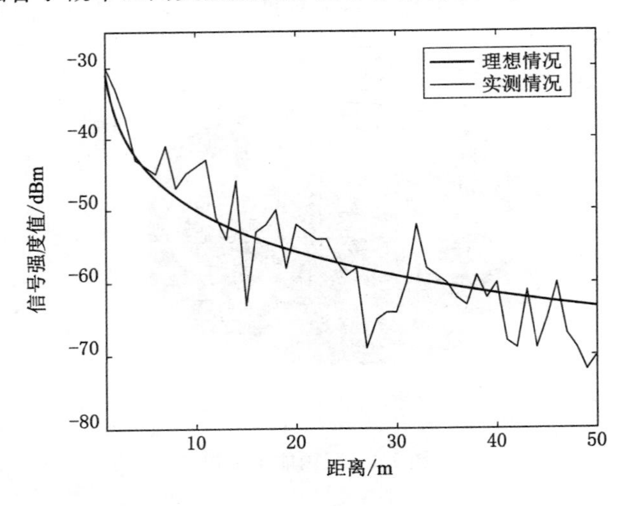

图 1-3　井下信号强度值与距离的关系

另一类是指纹定位法:在指纹定位中,由于位置信息由其在该位置的信号特征进行表示[19],不需要额外的距离或者角度测量,使得指纹定位有着十分高的抗噪声性。指纹定位法的实现过程如图 1-4 所示,首先是离线训练阶段,利用定位场景中不同位置的信号强度值不同建立与位置关联指纹,然后将所有位置指纹汇聚到一起形成指纹库;在线阶段,应用指纹匹配算法将在未知位置采集的指纹信息与指纹库进行比对，进而估计出被定位目标的位置。文献[20]中，作者将相对到达时间作为指纹信息。文献[21]将 K 邻近和历史最短路径匹配法相结合提出了一种改进的指纹匹配算法，同时利用人员移动的速度信息修正定位结果。文献[22]提出了一种煤矿井下全覆盖定位算法，在有部分指纹覆盖的区域利用线性插值预测算法来预测位置，在完全没有指纹覆盖的区域作者结合历史运动信息建立预测模型实现位置估计。近些年来伴随着机器学习研究的热潮，越来越多的学者将机器学习技术应用到指纹定位中[23-29]。在文献[30]和[31]中，作者分别使用支持向量机和随机森林分类方法来估计被定位目标的位置。为了提高在噪声环境下定位的准确度，文献[32]提出了一种加权 K 邻近和记忆算法相结合的定位方法，该方法首先利用由自适应卡尔曼滤波器降低信号强度值的测量噪声，然后利用记忆算法优化校准点权重，最后使用加权 K 邻近算法将优化后的信号强度值与指纹库进行比较进而估计出被定位目标的位置。

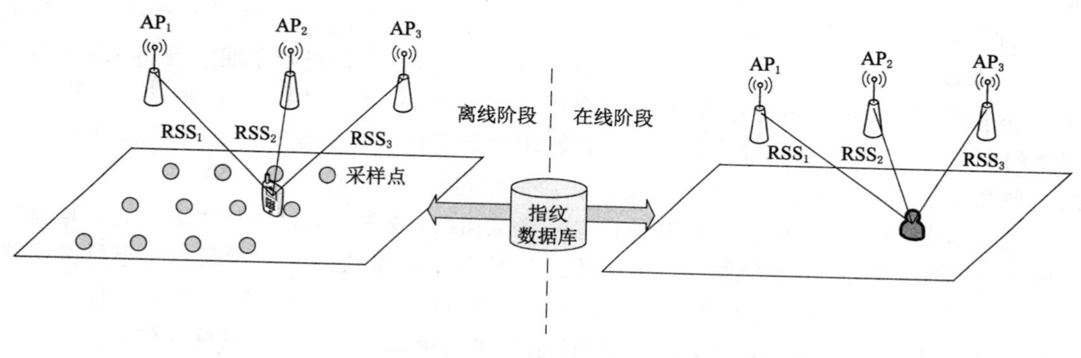

图 1-4 指纹定位示意图

表 1-1 对比两种基于 WiFi 的定位方法，相比于测距定位方法，指纹定位法中指纹信息直接来自定位环境，因此受到多径的影响要小于测距定位方法。然而无论是测距定位法还是指纹定位法，都是利用 RSSI 来实现位置估计。由于来自 MAC 层的 RSSI 是多径信号叠加的结果，其粗粒度特性导致基于 RSSI 的定位方法很难进一步提高定位精度，学者们开始关注更加细粒度的无线信道响应信息。和 RSSI 不同，来自物理层的无线信道响应信息能够刻画多径特性[33]。但是由于早期的信道响应信息只能通过专业设备进行测量获得，导致了利用信道响应的定位技术很难在实际场景中广泛使用。然而，对 WiFi 技术深入研究改变了这一现状，现在信道响应可以以信道状态信息(Channel State Information，CSI)的形式被部分地从现有的 WiFi 接收机中提取[34]。作为 RSSI 的替代物，CSI 具有更大的精确定位潜力，吸引了越来越多的关注[35-42]。虽然基于 CSI 的定位技术已经逐步在室内研究使用，然而在煤矿井下的应用研究尚处于空白阶段。

表 1-1 煤矿井下基于 WiFi 网络的定位方法对比

定位方法	优点	缺点	定位稳定性
测距法	无须场景勘测	易受多径影响	不稳定
指纹法	不易受多径影响	场景勘测工作量大	稳定

1.2 国内外研究现状

1.2.1 基于 RSSI 的指纹定位方法

基于 WiFi 的指纹定位一般直接选择 RSSI 作为特征量，然而由于井下多径效应导致 RSSI 的波动，不同位置处的 RSSI 向量可能十分相近，这就会使得定位误差变大[43-45]。

为了克服这个问题，许多学者开展了这方面的研究，Voronov[46]等人设计了一种平滑算法对采集到的 RSSI 数值进行处理。在文献[47]中，Li 等人针对人员移动导致的指纹波动，提出了一种基于重叠自调整的构造算法。Ru[48]等人认为指纹波动是由信标部署位置导致的，因此设计了一种信标部署策略，来提高指纹的稳定性。在文献[49]中，作者提出利用 LQI 对 RSSI 进行滤波处理。和文献[49]相似，Guo 等人提出通过粒子滤波器将 RSSI 指纹和 PDR 相融合，来抑制多径对 RSSI 的干扰[50]。Karegar[51]等人提出了一种基于吸引因子传播的聚类算法，来聚合位置指纹。针对在线预测阶段指纹采样点不足的问题，文献[52]提出一种基于改进 Kriging 插值算法来提高指纹的稳定性。

近些年来，研究人员结合一些其他信息来生成指纹，最常见结合信息主要是时间信息和空间信息两种，因此这些指纹被称作时间模式指纹和空间模式指纹。时间模式指纹是指将被定位目标在行走过程中接收到的 RSSI 序列作为指纹，与在固定位置上的单个信号矢量相比，该指纹模式携带时间信息，可以用时间信息来约束和校正被定位目标的位置。

Y. Kim 等人从实验中发现被定位目标从接近 AP 到远离 AP 过程中，RSSI 值会先变强再变弱，RSSI 序列中会出现峰值，在此现象的基础上提出了一种基于信号峰值的指纹系统 PKF[53]。然而该系统需要提前获知被定位目标的移动方向，并要限定被定位目标的移动速度，如果被定位目标移动过快，就会出现峰值漏测，导致定位精度急剧下降。针对信号峰值指纹系统的不足，G. Shen 等人将全部的信号序列作为指纹，提出了 Walkie-Markie 定位系统[54]。如图 1-5 所示，被定位目标从接近到远离 AP 的过程中，信号强度会经历一个从大到小的过程，Walkie-Markie 定位系统通过将该信号序列与指纹库的信号序列进行匹配，从而估计出被定位目标的位置。虽然整体信号序列的鲁棒性高于峰值序列，但如果被定位目标随机移动，此时产生的信号序列与指纹库中预存的信号序列相比就会出现巨大偏差，进而导致定位误差变大。因此基于时间模型的定位系统只适用于狭窄空间且被定位目标有固定移动路径的场景。

空间模式指纹主要是利用 RSSI 在空间中的分布特性和 AP 的位置对被定位目标形成约束。与时间模式中需要提前获取被定位目标移动轨迹相比，空间模型的指纹适用的场景更加广泛。

由于 AP 可以被安装在特定的区域，利用这特定区域的 RSSI 形成唯一的“地标”，并将这些“地标”存储到数据库中，供在线定位使用。H. Wang 等人提出的 UNLoC 定位系统[55]和 Z. Xiao 等人提出的 MapCraft[56]定位系统就是利用 AP 产生的“地标”信息来修正定位结果。如图 1-6 所示，由于“地标”(阴影区域)的存在，被定位目标的轨迹被纠正到右边的正确区域。上述系统中只应用单个 AP 来生成“地标”，HALLWAY 系统利用多个 AP 的 RS-

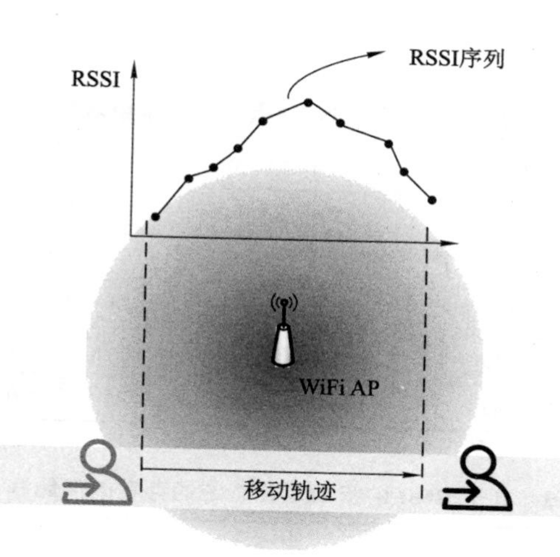

图 1-5 RSSI 序列作为指纹

SI 在不同区域内的排序不同，将不同的排序方式作为“地标”[57]。例如，定位场景内有 3 个 AP，对应的信号强度值分别是 $RSSI_1$，$RSSI_2$ 和 $RSSI_3$，在区域 A 中，观察到 $RSSI_1 > RSSI_2 > RSSI_3$，而在区域 B 中，$RSSI_1 < RSSI_2 < RSSI_3$，HALLWAY 系统将排序后 RSSI 的作为该区域的“地标”。与只使用单 AP 信息相比，HALLWAY 系统能够减少信号强度随机波动带来的影响，具有更高的鲁棒性。然而，如果定位场景狭小，可能会出现多个位置信号相同的情况，导致这种定位方式失效。为了提高适用范围，文献[57]提出的 Sectjunction 定位系统，结合 AP 信号覆盖范围，限制区域内可用作“地标”的 AP 数目，并根据交叉区域的 RSSI 值对区域进行划分。和文献[57]相似，文献[58]使用概率统计的方法减少信号交叉覆盖的范围。文献[59]利用某一固定点的 AP 来收集周围 AP 的 RSSI 值作为指纹，然后使用 GP 算法学习整改定位区域的功率分布。这种指纹定位方式，需要提前获知所有 AP 的位置并且要保证定位场景内有足够多的 AP，因此这种定位方法只能在特殊场景中使用。

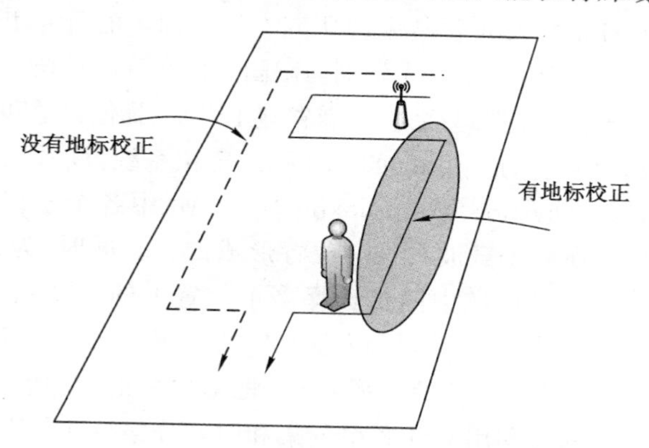

图 1-6 RSSI 指纹用作地标

无论是时间还是空间指纹模式都有助于提高定位精度，然而这些模式需要在特定的场景下才能够取得好的效果。在表 1-2 和表 1-3 分别总结了上述的指纹模式适用范围以及不足之处。

表 1-2 基于 RSSI 的指纹定位系统对比

定位系统	指纹模式	信号模式	适用场景	预知信息
PWF	时间模式	序列中 RSSI 峰值	狭窄路径或多 AP	移动方向
Walkie-Markie	时间模式	时间 RSSI 序列	狭窄路径	移动方向
Unloc	空间模式	AP“地标”	狭窄路径或多 AP	移动轨迹
HALLWAY	空间模式	数值 RSSI 序列	多房间	无
Sectjunction	空间模式	交叉点的 RSSI	开放空间和多 AP	无

表 1-3 基于 RSSI 的指纹定位系统的存在的问题和不足

定位系统	存在的问题和不足
PWF	当被定位目标移动速度过快时不能准确获取 RSSI 峰值
Walkie-Markie	需要被定位目标按照单一方向移动
Unloc	需要高密度高“地标”才能够准校准
HALLWAY	小空间范围内 RSSI 区分度小定位不准确
Sectjunction	交叉区域过小时，标准设置不准确，影响定位精度

1.2.2 基于信道状态信息的指纹定位方法

由于 RSSI 的粗粒度特性，无法进一步提高定位精度，因此，许多研究者尝试将其他特征量用作位置指纹[60-62]。近些年，随着信道状态信息提取工具的发布，研究者们可以利用 Intel 5300 无线网卡，以 CSI 的形式获取信道频率响应(Channel Frequency Response，CFR)的采样版本。CSI 能够描绘出信道频率选择特性，具备更好的时间稳定性和移动敏感性[63-70]。为了能够满足更高精度和更好的鲁棒性的定位服务的需求，越来越多的国内外研究者开始致力于基于 CSI 的指纹定位技术的研究[71-80]。国内的研究团队主要有清华大学的刘云浩团队、西北大学陈晓江团队、南京大学刘向阳团队以及香港科技大学倪明选团队。国外对基于 CSI 定位研究主要集中在斯坦福大学、麻省理工学院、犹他大学和惠普公司等机构。

Sen 等人[81]首次提出了名为 PinLoc 的 CSI 指纹定位系统，该系统利用正交频分复用系统(Orthogonal Frequency Division Multiplexing，OFDM)中各个子载波衰落独立的特性，使用多维高斯函数来表示所有子载波在某一位置形成的簇。同时，为了提高位置指纹的分辨性，PinLoc 系统将每个参考区域中随机选择多个位置上的 CSI 值用作指纹生成。由于 PinLoc 系统只利用了 CSI 的频率特性，Xiao 等人[82]将信道划分成 4 个子信道，求出子信道内 CSI 数据的平均值，最后将子信道的功率相加，将量化后的数据包功率用作指纹值。相比于 PinLoc 系统，该系统同时利用 CSI 频率分集和时间分集特性。Sen[83]等人首先利用人体旋转时 WiFi 信号的衰减来估计 AP 的方向，然后通过逆傅立叶变换分离出视距路径，最后通过能量追踪的方式估计被定位目标的位置。Chaapre[84]等人将融合后的幅度和相位信息用作指纹，再利用多入多出技术 (Multiple Input Multiple Output，MIMO)提高了指纹的维度，并利用多种机器学习算法估计位置。Xiao[85]等人利用 CSI 的频率分集特性提出了

Pilot 系统，Pilot 系统主要由三个部分组成，分别是指纹生成模块、异常检测模块和位置估计模块。指纹生成模块主要是利用 CSI 在不同位置的变化生成正常和异常指纹，通过分析 CSI 随时间变化的状态，异常检测模块检测是否有人员进入场景中，最后位置估计模块通过设计的融合算法估计出被定位目标的位置。在某些场景中，可能存在 AP 不足的情况，针对这一情况，在文献[86]中，作者观察到在同一位置 CSI 数值会集中在一个范围内，因此作者使用多个簇来表示子载波分布，设计了一种基于单天线的定位系统 MonoPHY。在该系统中，由于使用 OFDM 技术，每个信息符号都会通过多个子载波进行传输，所以在接收端会得到多条虚拟数据流，MonoPHY 系统采用聚类算法将数据流聚成多个类，再利用高斯混合模型对多个类进行建模来生成位置指纹。Sabek[87] 等人将定位问题转换成模式识别问题，利用图像的方法，提取 CSI 特征构造位置指纹，并利用 boosting 技术对指纹特征进行处理以提高定位精度和降低计算复杂度。由于通过逆傅立叶变换，可以将 CFR 转换成信息冲击响应(Channel Impulse Response，CIR)，文献[88]将多组 CIR 的互相关系数作为指纹，并在多个场景中进行验证。Zhou 等人[89]通过分析 CSI 的统计特性，首先建立抑制非视距 (Non Line of Sight，NLOS)传输模型，然后利用该模型对 CSI 的幅度和相位进行处理，最后建立幅相结合的指纹定位系统。

近些年来随着深度学习技术成为研究的热点，研究者们提出了一些基于深度学习的指纹定位方法。WANG[90] 等人设计了一个用于训练子载波的深度自编码网络，将训练的参数用作指纹，提出了 DEEPfi 指纹定位系统。PhaseFi[91] 系统利用 CSI 相位信息构建指纹，并利用贪心算法对权重进行训练，但是没有应用幅度值。WANG 等人[92]提出了一种基于双通道、双模 CSI 张量数据的 ResLoc 定位系统，该系统在离线训练阶段首先将 CSI 子载波转换成张量，然后通过深度残差共享学习来训练深度网络。Hao 等人[93]将 CSI 转换成带有时频信息的类图像矩阵作为特征输入，通过随机梯度下降法对卷积神经网络进行训练。Wang[94] 等人提出的 BiLoc 指纹定位系统通过探索 5 GHz 网络的信号特性，使用双模态深度学习网络训练到达角和 CSI 幅度。

由上述研究可知，基于 CSI 的定位虽然取得了一定的成果，但是仍然存在着许多不足，表 1-4 对集中重要的 CSI 定位系统的特点进行了总结，也为后续研究提供了方向。

表 1-4 基于 CSI 的定位系统对比

定位系统	指纹信息来源	匹配算法类型
PinLoc	CSI 幅度和相位	机器学习
FIFS	CSI 幅度	机器学习
CSI-MIMO	CSI 幅度和相位	机器学习
Pilot	CSI 幅度	机器学习
MonoPHY	CSI 幅度	机器学习
MonoStream	CSI 幅度	机器学习
Amp-Phi	CSI 幅度和相位	机器学习
BiLoc	CSI 幅度	深度学习
ConFi	CSI 幅度和相位	深度学习
ResLoc	CSI 幅度	深度学习

1.2.3 位置估计方法

(1) 确定性位置估计方法

除了指纹特性的选择,位置估计方法也是影响指纹定位精度的关键因素。传统的位置估计方法主要有确定性和概率性等方法[95-96]。确定性方法是通过使用一种相似性的度量指标来确定在线的信号与指纹库中的信息的相似程度,从而确定被定位目标的位置[97-100]。常用的度量指标如,欧式距离,余弦距离和 Tanimato 距离等。

欧式距离主要是通过计算两个指纹向量数值来确定两个指纹向量之间的相似性,计算公式如式(1-1)所示:

$$D(H_{\text{test}}, H_{\text{train}}) = \| H_{\text{test}} - H_{\text{train}} \|^2 \tag{1-1}$$

式中,H_{test} 为在线预测阶段的指纹向量;H_{train} 是指纹库中的指纹向量。RADAR 定位系统是第一个使用欧式距离做匹配算法的系统[101]。在离线训练阶段,RADAR 系统在提前规划好的采样点上采集来自不同 AP 的 RSSI 值形成指纹向量,然后将所有采样位置的指纹向量汇聚到定位服务器中形成指纹数据库;在在线预测阶段,被定位目标将实时采集的指纹向量发送到定位服务器,定位服务器计算在线采集的指纹与指纹库中所有指纹的欧式距离,最小欧式距离的指纹所对应的位置就是定位服务器估计的位置。

余弦距离主要是通过两个指纹向量之间的夹角来确定两个指纹向量的相似性,计算公式如(1-2)所示。

$$d = \frac{\sum_{i=1}^{N} x_i y_i}{\sqrt{\sum_{i=1}^{N} x_i^2} \sqrt{\sum_{i=1}^{N} y_i^2}} \tag{1-2}$$

式中,x_i 和 y_i 分别表示指纹库中的指纹和待测位置的指纹,如果计算结果为 1 则说明两个指纹向量完全一样,如果结果为−1 则说两个指纹向量完全相反。文献[102]通过扩展指纹维度来提高指纹的可分辨性,提出了一种融合多维指纹的定位方法,在离线训练阶段将 RSSI、传输功率和信道信息融合在一起形成指纹向量,在在线预测阶段,利用余弦距离进行指纹匹配,该定位方法在 90%的测试点上可以达到 4 m 的定位精度。

(2) 概率性位置估计方法

概率性方法是基于在线测量的指纹向量与指纹库存储指纹之间的统计推断[103]。在离线训练阶段计算出指纹数据库中每个指纹的先验概率,然后通过计算定位目标指纹的后验概率在在线预测阶段估计出被定位目标的位置。如文献[99]提出的 Horus 定位系统。假定共有 L 个 AP,被定位目标提供的指纹向量为 $s = (s_1, \cdots, s_L)$,那么通过计算最大后验概率 Horus 系统就能够确定被定位目标的位置,公式如(1-3)所示。

$$\operatorname{argmax}[P(\boldsymbol{x} \mid \boldsymbol{s})] \tag{1-3}$$

式中,$[P(\boldsymbol{x} \mid \boldsymbol{s})]$ 表示已知信号向量 $\boldsymbol{s}$ 下被定位目标位置 $\boldsymbol{x}$ 的概率。公式(1-3)可以进一步表示为:

$$\operatorname{argmax}[P(\boldsymbol{s} \mid \boldsymbol{x})] = \arg \max_{x} \left[\prod_{l=1}^{L} P(s_l \mid x) \right] \tag{1-4}$$

式中,$P(s_l \mid x)$ 表示在位置 x 出现信号 s_l 的概率。$P(s_l \mid x)$ 常用一些概率分布函数来表示。

文献[104]提出了一种时空的用贝叶斯网络进行位置估计的方法。文献[105]在研究了高斯分布和非高斯分布对RSSI建模的影响的基础上，利用交叉熵来提高贝叶斯网络的定位精度。文献[106]将自然语言处理中常用的条件随机场应用于位置估计中。Du. Y等人通过研究锚节点的位置分布与RSSI的关系[107]，提出了一种地理加权回归模型，并通过大量实验验证了该定位方法的鲁棒性。文献[108]认为无论是使用高斯分布或者是经验分布都不能够准确表示出RSSI的时变特性，因此提出了一种改进的双峰高斯分布的算法，通过峰度检验来确定使用何种分布函数。

(3) 机器学习方法

指纹定位从本质可以理解为一个模式识别的过程，指纹匹配的过程可以理解为分类的过程，因此许多机器学习中的分类算法也被用于位置估计。基于机器学习的定位方法主要是在离线训练阶段，首先为每个采样点分配一个类别号，然后建立映射函数让每一个类别号对应一个位置，然后根据指纹特性选择合适的分类算法，并完成算法中参数的训练；在线预测阶段，将采集的指纹输入到训练好的分类算法中，分类算法输出一个类别号，通过映射函数估计出被定位目标的位置。常用的机器学算法有支持向量机、决策树和高斯过程等[109-110]。高斯过程可以建立参考点之间的距离和波动关系的模型。文献[111]提出一种基于半监督学习的井下指纹训练方法。

(4) 滤波器方法

为了提高定位精度，在初步估计出被定位目标位置后，常用一些滤波方法对位置进行进一步修正。常用的滤波算法主要有卡尔曼滤波和粒子滤波。文献[112]在结合了所有的当前和过去的信号测量值的基础上提出了指纹Kalman滤波器进行最佳的线性无偏估计。为了改善Kalman滤波器的性能，一些研究者提出使用扩展卡尔曼滤波器来实现建模中的自适应性[113]。Kalman滤波器更加适用于噪声信号符合高斯分布的场景，然而在实际场景中，噪声信号往往不满足高斯分布，因此文献[114]通过加入一些高斯噪声来提高卡尔曼滤波器的性能。与传统的卡尔曼滤波器相比，粒子滤波通常更为普遍，适合于基于非线性模型。在文献[115]通过粒子滤波将与行走距离、估计位置和地图约束不一致的粒子过滤掉，进而提高定位精度。Zee[116]和Xins[117]系统是两个使用粒子滤波器的典型应用。Zee系统利用地图约束来过滤粒子并缩小被定位目标的范围。Xins系统则是利用其他辅助信号作为粒子来修正目标位置。

1.2.4 定位方法性能指标和误差评估

上文从指纹特性选择和位置估计方法两个方面介绍了指纹定位的国内外研究现状。然而一个指纹定位系统需要从多个角度进行分析。本小节主要介绍定位方法常用的评价指标以及定位误差的表示方法[118]。

定位准确度：准确度是指预测位置与实际位置之间的误差距离。是表示一个定位系统优劣的主要指标参数，常用均方误差、均方根误差以及平均定位误差来描述定位的准确度。

定位精度：定位精度是指在给定精度下成功定位的概率。它表示定位系统定位误差概率分布的情况，通常用误差累积分布曲线来描述。

实时性：实时性表示从被定位目标发送定位请求到收到有定位服务器发送的位置信息所消耗的时间。有些定位系统虽然理论定位精度高，但由于系统过于复杂，导致从发送定位请求到收到位置信息的时间过长，就会出现被定位目标已经远离位置请求处后很长时间才收到定位服务器发送的位置信息的现象，这就被动地增大主观定位误差。

能源消耗：能源消耗是指定位终端在保持正常工作的时间内所消耗的能量。在对移动端进行定位时，由于移动端不仅承担定位的工作，经常还要完成传感器数据采集以及通信的任务，低能耗设计有助于提高移动端的使用时长。

有效覆盖范围：有效覆盖范围是指定位系统在保证定位准确度的前提下，所能提供的最大服务范围。

鲁棒性：鲁棒性是指定位系统应对一些突发事件的能力。实际的定位场景不同于理想定位场景，在定位过程中，往往出现一些突发情况，如信号被突然遮蔽、智能终端采集数据出现奇异值等。这就需要定位系统具备一定的容错和适应能力。

1.3 研究内容与创新之处

1.3.1 煤矿井下指纹定位存在的问题

(1) 缺少用于生成高精度指纹的特征

位置指纹的特征值一般选取 RSSI 值，在室内定位存在大量的视距传播，通过一些处理方法可以降低由于 RSSI 波动所带来的干扰。然而井下巷道十分狭小，从 AP 发出的无线信号会经过多次的反射、折射以及散射和绕射量后，才能被定位终端接收，定位终端接收的 RSSI 值是多径叠加的结果，从而导致 RSSI 值在井下的波动特别明显，因此在巷道环境下，选择 RSSI 作为指纹特征值已经十分不合适了，需要找出新的参考量作为位置指纹的特征值。

(2) 缺少适用于 AP 带状稀疏分布位置指纹

现有的井下无线网络主要是服务于监控和通信，为了兼顾功效和成本井下无线 AP 无法像室内一样密集部署，井下 AP 一般呈带状稀疏分布[119]，图 1-7 是山西某煤矿井下 AP 的部署示意图。由于井下巷道狭长，在这种部署情况下，多数位置只能够扫描到 1 个或 2 个 AP，不能满足 RSSI 指纹定位方法中至少需要使用三个不同位置的 RSSI 作为指纹特征的需求，从而导致基于 RSSI 的定位系统在井下实际应用中定位精度不佳。因此需要研究适用于井下特殊场景的指纹定位方法。

(3) 单个指纹对位置描述不准确

在指纹定位过程中，一般认为指纹是不随时间变化的，因而使用单个指纹来描述位置信息，而在实际环境中，由于井下各种噪声的影响，指纹并不是完全不变的，使用单个指纹不能准确描述位置信息，这也是导致指纹定位不准确的原因之一。因此，需要使用序列指纹对位置进行表述并且研究一种能够处理序列指纹的匹配方法。

1.3.2 章节安排

本书主要研究了煤矿井下基于 CSI 的指纹定位方法。根据指纹定位流程研究了指纹特性的选择、指纹构造方法、指纹融合方法以及指纹匹配方法等。研究了 CSI 的特性，分析

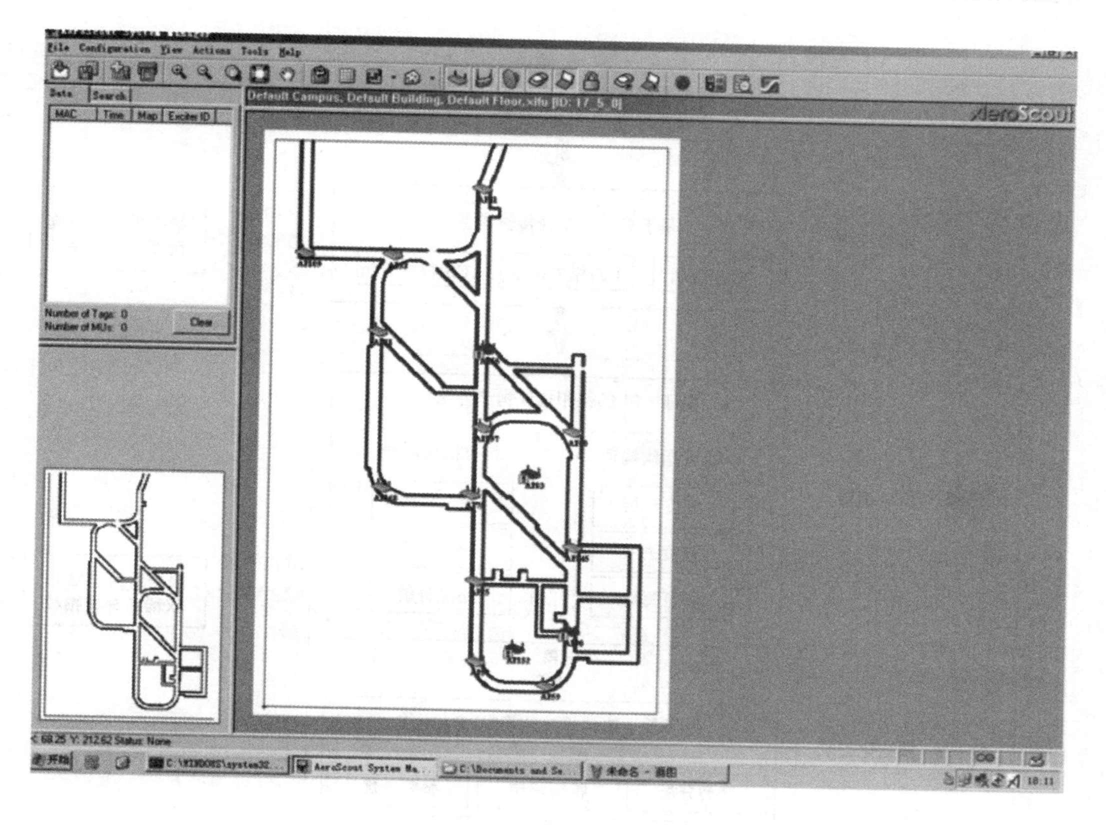

图 1-7　井下 AP 的部署示意图

了 CSI 幅度和相位噪声，并提出相应的去噪方法，研究利用 CSI 幅度和相位构造位置指纹的方法，并进一步提出了基于模糊 LDA 的幅相指纹融合方法抑制指纹特征的波动，研究利用深度学习方法将传统指纹定位中单指纹输入转变成序列指纹输入，提高了指纹对位置描述的完备性，本书的整体架构如图 1-8 所示。

第 1 章，阐述了井下定位技术对煤矿行业的意义，分析目前井下人员定位研究方向与问题，详细分析了基于信号强度的指纹定位和基于信道状态信息的指纹定位方法，提出了井下指纹定位面临的三个问题，介绍本书的研究内容与安排。

第 2 章，首先分析了井下导致信号强度值波动的几个主要因素，通过与信道状态信息对比提出了将信道状态信息用于井下指纹定位，从井下传输路径出发，提出了基于信道状态信息的路径传输模型，为第 3 章幅度和相位指纹的构造提供理论支撑。

第 3 章，针对 CSI 幅度和相位进行研究，研究影响 CSI 幅度测量值的因素，应用 Hampel 滤波器剔除离去点，应用 PCA 进行去噪，再利用阈值滤波器来抑制多径对 CSI 幅度的影响，最后结合 MIMO 特性，提出 CSI 幅度的指纹构造方法；研究影响 CSI 相位测量值的因素，提出一种线性变化方法对 CSI 相位进行处理。研究传输路径和 CSI 相位的关系，提出路径分解方法，并将分解后的路径作为 CSI 相位指纹。最后，结合 SVM，KNN 和 Bayes 三种指纹匹配算法在井下巷道与 RSSI 指纹进行对比实验，并研究分析了影响 CSI 指纹定位方法的因素。

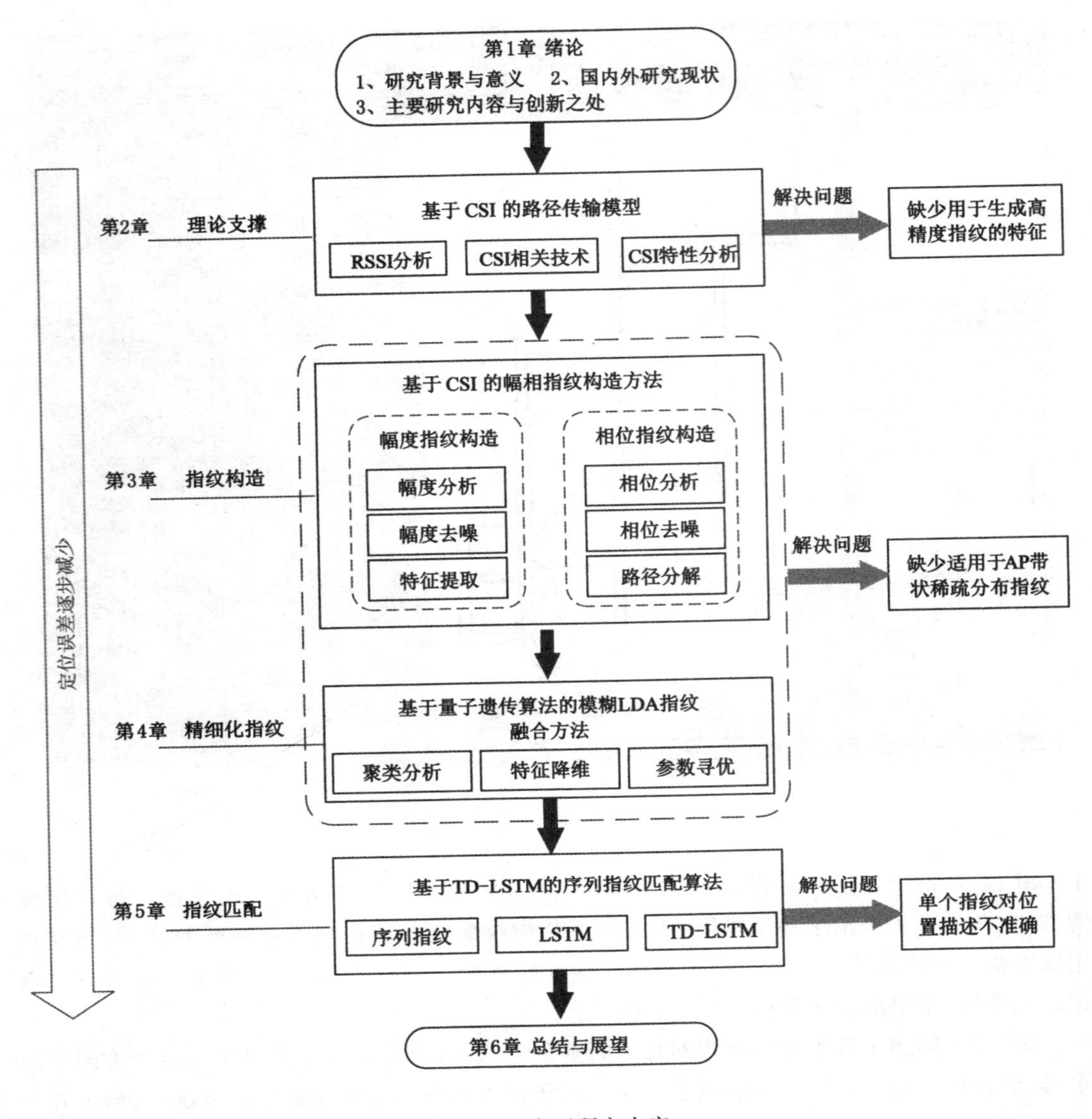

图 1-8 主要研究内容

第 4 章，首先分析了在离线训练阶段网格间隔对定位精度的影响，研究影响精细划分网格的因素，通过结合 K-means 算法和 LDA 算法的优点，提出一种基于量子遗传算法优化的模糊 LDA 指纹融合方法，该方法主要引入模糊因子，利用模糊因子实现对指纹特征波动的抑制，并利用量子遗传算法寻找最优的模糊因子。最后，分别结合第 3 章中的指纹匹配算法，进行试验分析。

在前两章的指纹定位方法中都是使用单个指纹对位置进行描述，由于指纹是时变的，单个指纹不能准确表示出位置和指纹特征的关系，因此第 5 章针对使用单个指纹对位置描述不准确问题，提出将单个指纹变成序列指纹对位置进行描述，并借助深度学习网络，针对可变长度序列提出了一种 TD-LSTM 序列指纹匹配方法。结合前两章构造的指纹建立基于 TD-LSTM 的指纹定位系统，并通过实验分析了系统性能。

第 6 章，总结分析本书的研究内容和实验结果，罗列出研究过程中存在的问题，并根据存在的问题制定未来的研究计划。

1.3.3 创新点

（1）分析了 RSSI 应用于井下指纹定位的不足，提出将 CSI 用于井下指纹定位，通过研究路径传输与 CSI 的关系，提出基于 CSI 的路径传输模型，为 CSI 用于指纹定位提供理论支撑。

（2）分析幅度噪声来源，提出利用多种滤波器来抑制噪声，并结合 MIMO 特性，提出了幅度指纹构造方法。分析相位噪声来源，提出一种线性变化方法来降低噪声的影响，研究传输路径与相位的关系，提出基于汉克尔矩阵的路径分解方法，并将获取的路径信息用于构造相位指纹。

（3）通过研究影响网格划分的因素，综合聚类和降维算法的优点，提出了一种基于量子遗传算法优化的模糊 LDA 指纹融合方法来抑制指纹特征的波动，从而提高定位精度，并提出将量子遗传算法应用于寻找最优模糊因子。

（4）利用可变长度序列指纹对位置进行描述，解决了单个指纹对位置描述不准确问题并提出了一种时差 LSTM 指纹匹配方法，同时结合设计的位置指纹提出一套完整的指纹定位系统。

2 基于CSI的路径传输模型

2.1 引言

人员定位系统作为煤矿六大系统之一，是煤矿安全生产的重要保障，随着智慧矿山的不断推进，要求人员定位系统不仅要实现安全监控，更要为位置服务提供保障[120]。由于信号强度能够从设备上轻易获得，目前的井下定位系统多是利用信号强度实现定位功能。然后RSSI是多条路径叠加的结果，不能够刻画出路径特性，因此在井下环境中稳定性差，定位精度已逐渐不能满足井下位置服务的需求。近些年来，随着正交频分复用和多入多出技术在无线通信系统中的广泛使用，研究者们开始使用信道状态信息来代替 RSSI 提高定位精度。借助数据提取工具 CSItool 和 Intel 5300 无线网卡，现在能够以信道状态信息的形式提取出正交频分复用 OFDM 调制系统中部分子载波的频率响应信息。相比于 RSSI，CSI 具有细粒度特性，如何利用 CSI 来代替 RSSI 实现人员定位，已经逐渐成为研究的新方向。

本章首先从原理上分析了 RSSI 的特性，从理论上对 RSSI 进行了介绍并结合井下实验分析验证了其存在的不足。其次，着重阐述了 CSI 以及相关技术背景、概念及特性。接着对 RSSI 和 CSI 进行了详细的比较，分析了 CSI 的用于指纹定位的优势，最后通过理论分析提出了基于 CSI 路径传输的模型，从理论上进一步验证了 CSI 可以用于构造位置指纹。

2.2 接收信号强度

自由空间中无线信号的传输模型如下[121]：

$$\frac{P_{\mathrm{R}}}{P_{\mathrm{T}}}=\frac{G_{\mathrm{T}}G_{\mathrm{R}}\lambda^{2}}{(4\pi)^{2}d^{2}} \tag{2-1}$$

式中，P_{R} 和 P_{T} 分别表示接收和发射功率；d 为发射机和接收机之间的距离；G_{T} 和 G_{R} 分别表示发射天线和接收天线的增益；λ 为电磁波波长。由信号衰落的定义可以得出信号衰落 L_{d} 为：

$$L_{\mathrm{d}}=10\lg(\frac{P_{\mathrm{R}}}{P_{\mathrm{T}}})=10\lg G_{\mathrm{T}}+10\lg G_{\mathrm{R}}-20\lg f-20\lg d+20\lg(4\pi) \tag{2-2}$$

若接收两端的距离为 d_0，则 L_{d} 为：

$$L_{\mathrm{d}}=10\lg(\frac{P_{\mathrm{R}}}{P_{\mathrm{T}}})=10\lg G_{\mathrm{T}}+10\lg G_{\mathrm{R}}-20\lg f-20\lg d_{0}+20\lg(4\pi) \tag{2-3}$$

若 $d_0=1$，则信号衰减 L_1 为：

$$L_1 = 10\lg(\frac{P_R}{P_T}) = 10\lg G_T + 10\lg G_R - 20\lg f + 20\lg(4\pi) \tag{2-4}$$

对公式(2-4)进行进一步整理可得到路径衰落模型：

$$P(d) = A - 10 \times n \times \lg d \tag{2-5}$$

式中，$P(d)$表示收发端距离为 d 时接收功率；n 为与传输环境相关的路径损耗因子。路径衰落模型只描述了信号强度随传输距离的衰落情况，没有考虑信号传输过程中产生的反射，散射等对信号强度值的影响。图 2-1 为信号强度随距离的变化曲线，从图中可以看出，接收机的接收信号强度呈现出随距离的增加而减小的趋势，并且曲线光滑无毛刺，在不同位置处，信号强度值不同，可以将接收信号强度值作为一种特征来生成位置指纹。所以在理想空间内，采用路径衰落模型进行定位会取得很好的效果。然而在实际环境中，特别是在实际井下环境中，存在大量的反射、折射和散射以及人员和机车的移动对信号产生干扰的现象，使得信号传播十分复杂，造成采用路径衰落模型进行定位时，会出现非常大的定位误差。在下一小节中，将从煤矿井下巷道实际测试分析不同因素对无线信号的影响。

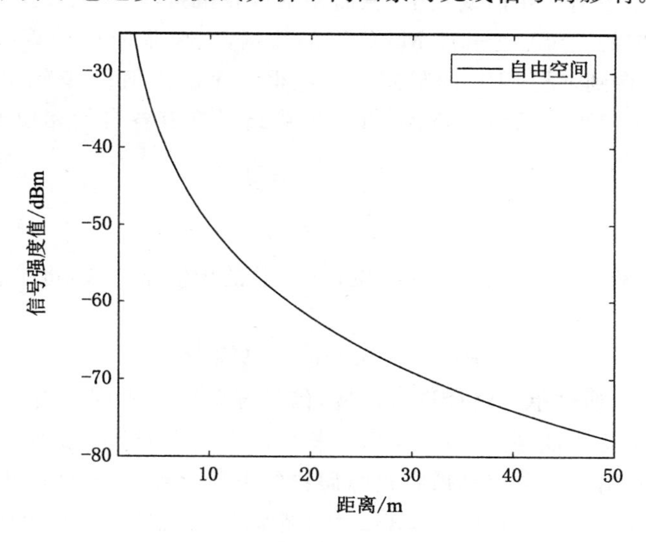

图 2-1　RSSI 随距离的变化

2.2.1　影响 RSSI 的因素

影响井下 RSSI 的因素主要可以分为定位设备和井下环境两个方面。定位设备：主要是指设备在运行过程中产生的热噪声和为防止信号碰撞额外产生的时延以及由于芯片制作工艺受限导致的不同载波检测时间等。这些热噪声无法直接去除只能通过多次测量求平均值等方式进行滤除。另一方面是井下环境，如图 2-2 所示，井下巷道不同于室内环境，巷道一般呈狭长的不规则拱形，单条巷道的横向长度一般为纵向长度的 100 倍，并且巷道壁凹凸不平，巷道间纵横交互形成不同的夹角。因此，影响井下定位的 RSSI 主要包含：多径衰落影响、巷道电磁干扰的影响、巷道中人体阴影的影响和非视距传输影响。

(1) 多径衰落影响：由于巷道狭长且巷道墙不平整，信号从发射机发出后，会通过折射

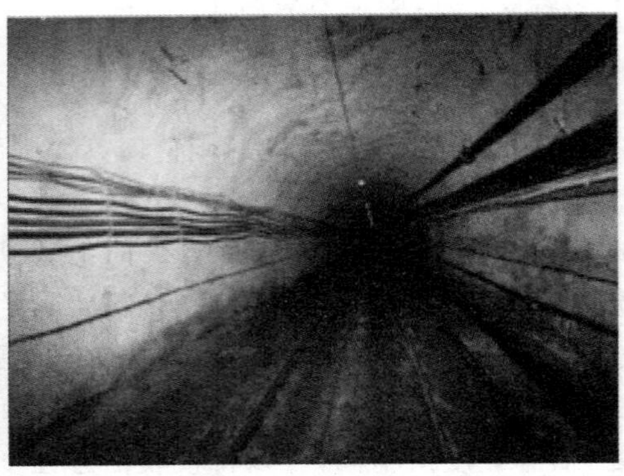

图 2-2　井下巷道

和散射才能够到达接收机，由于折射和散射，信号会从多条路径到达接收机，而多条路径之间由于时延不同信号会出现相消或相干，从而使得接收机接收到的信号出现波动，形成多径衰落。从设备中获取的 RSSI 是来自 MAC 层的数据，主要是通过计算接收数据包时多组 RSSI 叠加的平均值得到，受到 RF 的限制很难获得一个准确值。其次，由于环境的影响导致信号在传输过程中出现多条传输路径，每条传输路径都有各自的相位偏移，RSSI 的测量值都是多径信号叠加的结果：

$$V = \sum_{i=1}^{N} \| V_i \| e^{-j\theta_i} \tag{2-6}$$

式中，V_i 为路径 i 的幅度；θ_i 为路径 i 的相位；N 为总的传输路径数，将接收功率转化成 RSSI 表示为：

$$\mathrm{RSSI} = 10 \log_2 (\| V \|^2) \tag{2-7}$$

在理想情况下，信号只通过单一路径进行传播，信号强度值在不同位置数值不同，在同一位置数值不随时间发生变化，因此可以将 RSSI 来作为描述不同位置的特征。但是，如图 2-3 所示，在实际场景中，由于人员移动或者是障碍物的出现，会产生额外的相位偏移，从而可能会出现距离发射机较远的接收机的 RSSI 要大于距离发射机较近的接收机的 RSSI 的现象。

（2）巷道电磁干扰的影响：在巷道中存在多种通信方式，其中某些通信方式的频率与 WiFi 的通信频率相近，会对 RSSI 产生影响。一些大型用电设备在启停过程中也会产生干扰 RSSI 的电弧。并且，这些大型用电设备电压起伏较大，均值不稳定，会出现一些高频分量，这些高频分量会通过电缆以及接头处辐射到巷道里面形成辐射干扰。巷道中的煤尘等介质也会吸收和散射电磁波，这都会使得信号在传输过程中产生额外的时延和损耗。

（3）煤壁材质对电磁的影响：和室内墙壁不同，巷道煤壁中会埋入锚杆、铁丝网等大量金属物质，当这些金属物质吸收了空气中的电磁波后由于天线效应也会向外辐射能量从而干扰 RSSI 值。

（4）人体阴影的影响：由于定位终端被放置在紧贴矿工身体的部位，而人体中含水量大概占到 70%，水分会吸收空气中的电磁波。同时矿工在井下移动具有一定的随机性，当矿工面向 AP 时，信号会通过视距路径传输到定位终端，此时人体对 RSSI 的影响可以忽略，而当矿工背对 AP 时，矿工的身体会遮挡信号，产生阴影效应，此时的 RSSI 会出现波动。所

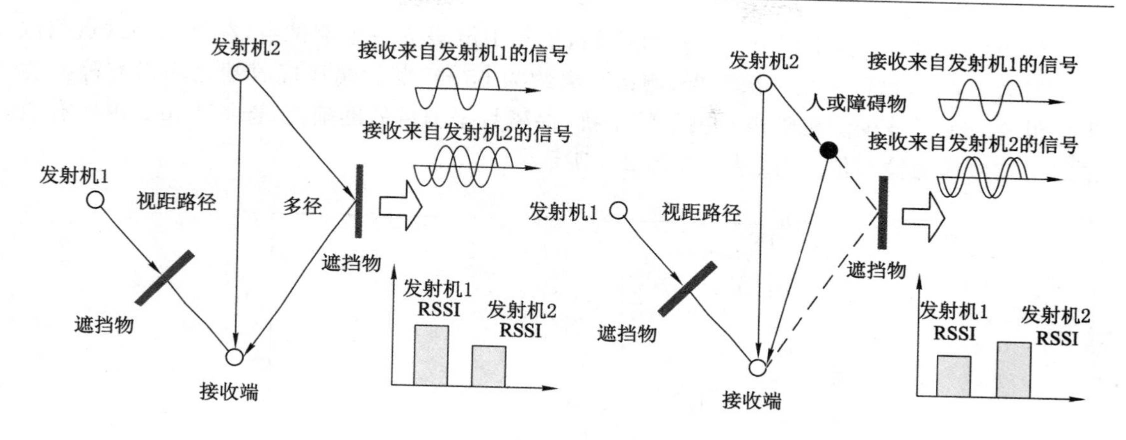

图 2-3　多径叠加信号示意图

以，人体对信号的遮挡也是要研究的关键问题之一。

（5）非视距传输影响：井下巷道之间呈不同角度的相互交互，在巷道中还存在运输车等机械设备，这些因素都会遮挡视距传输路径，形成非视距传输。描述非视距传输的模型主要有 CDSM 模型、ESM 模型和散射多径模型。对于高频电磁波，由于其波长较短，一般使用射线追踪模型来描述接收信号强度。

2.2.2　实测煤矿巷道 RSSI 分析

上一小节中，分析了影响井下 RSSI 的因素，本小节通过实际井下测试来进一步验证多径效应、人体阴影和非视距传输对 RSSI 的影响。测试地点为山西某煤矿。图 2-4 给出了实验场景中 AP 分布的 CAD 图，从图中可以看出，选择的实验场景中存在较狭长且又相互交互的巷道，能够从多个角度验证不同场景对 RSSI 的影响。根据巷道狭长的特点，井下 AP 部署也呈带状分布，图中的数字表示 AP 的序号，每一个序号都对应一个 MAC 地址。相邻的两个 AP 之间的间隔为 80～90 m，AP 之间通过双绞线进行连接。

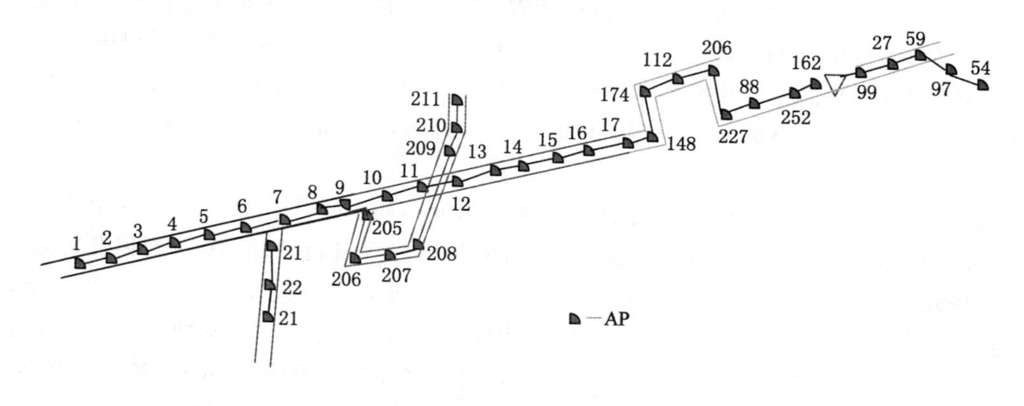

图 2-4　井下 AP 部署 CAD 图

（1）RSSI 随距离的变化

首先验证阴影衰落模型是否能够表示出井下信号衰落的趋势，测试的区域为图 2-4 中

AP_1 到 AP_2 的之间，从距离 AP_1 1 m 处开始，每隔 1 m 设立一个测试点，在每个测试点测试的时间为 1 min，每秒采集一次数据，测试距离约为 65 m，发射端和接收端之间没有障碍物进行阻隔。为了减少随机噪声对测量的干扰，保障数据测量的准确性，选择 1 min 内所有数据的平均数作为输出值，测试结果如图 2-5 所示。

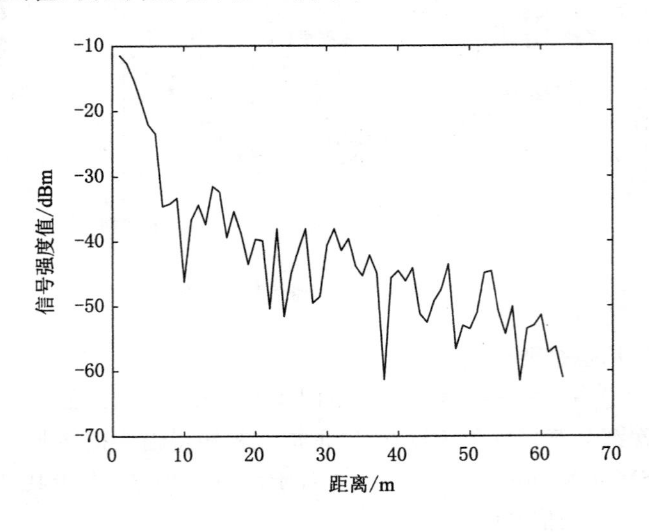

图 2-5　RSSI 随距离变化

从图中可以看出，随着接收端和发射端之间距离的增加，RSSI 整体呈下落的趋势，符合信号阴影衰落模型的规律。在前 10 m 内，RSSI 几乎没有波动，下落趋势明显，而在 20—60 m 的范围区间内，RSSI 波动变大，下落趋势减缓，从图中可以看出，在 20—60 m 内的 RSSI，不论是作为指纹还是用作估计接收端到发射端的距离，都会由于 RSSI 剧烈波动导致误差变大。

(2) 多径传输对 RSSI 影响

由于信号传输路径无法通过视线进行捕捉，在本书中通过在不同位置处的测量来验证多径传输对 RSSI 的影响。选择距离 AP 5 m 处和 60 m 处进行测试，测试过程中使用 AP1 作为信号发射端，数据采样频率为 1 Hz，每个点的测试时间为 1 min，为了减少随机噪声对测试结果的影响，通过高斯滤波对测试的数据进行处理，两个测试位置处 RSSI 统计结果如图 2-6 所示。

从图 2-6 中可以看出，在 5 m 处，RSSI 值数据分布相对集中。这主要是由于接收端和发射端之间的距离较近，且中间没有遮挡物，信号是以视距进行传输，接收端和发射度之间直达路径起主要作用，多径效应不明显。而在 60 m，由于传输距离变长，接收端和发射端之间除直达路径外还存在其他反射和散射路径，因此在该位置信号波动剧烈。对比两个位置的 RSSI 统计结果可以看出，在距离 AP 较近的位置，多径效应不明显，RSSI 值较为稳定，随着到 AP 距离变大，多径效应对 RSSI 的影响越来越明显，因此可以看出 RSSI 只适合用于近距离定位。

(3) 人体遮挡对 RSSI 的影响

矿工将定位终端(如智能矿灯)携带在腰部，即使矿工到 AP 的距离不变，矿工面向 AP

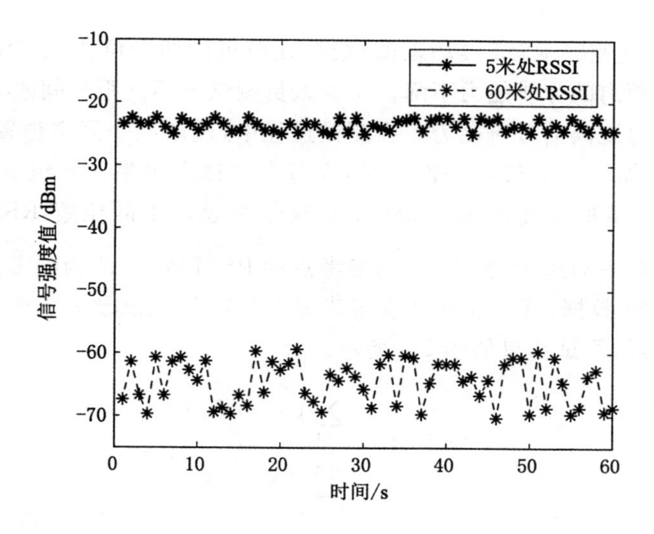

图 2-6 不同位置处 RSSI 值随时间的变化

时，定位终端和 AP 之间没有遮挡物，信号将会通过多径或者直达波的方式传输到定位终端；当有人员遮挡时，人体对高频信号有吸收作用，智能终端所在的区域由于人体的遮挡会形成一个信号阴影区，从而导致 RSSI 发生剧烈变化。实验人在距离 AP 10 m 处分别测试有人员遮挡和无人员遮挡两种情形下 RSSI 的变化情况，人体遮挡对 RSSI 的干扰测试结果如图 2-7 所示。

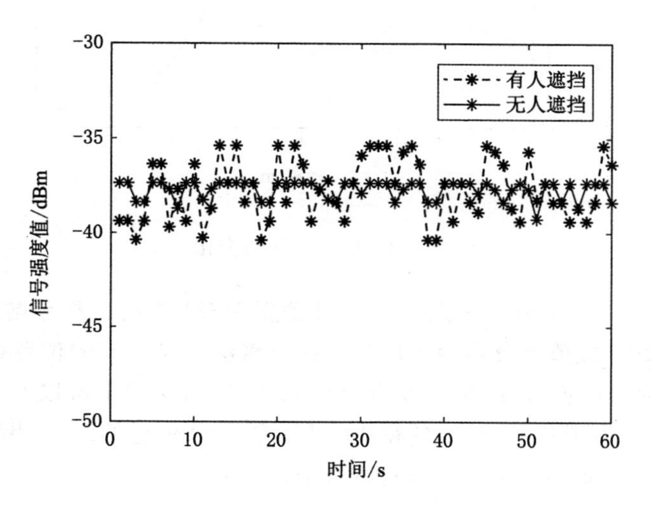

图 2-7 人体遮挡对信号的影响

在图 2-7 中实曲线是实验人员面向 AP 时收到的 RSSI 值，可以看出当面向 AP 时，RSSI 波动很小，基本在 −38 dBm 上下浮动。如图中虚点曲线所示，当实验人员背向 AP 时，RSSI 波动变大，最大的波动可达 8 dBm，由此可以看出人体的遮挡对 RSSI 的干扰是不能忽略的。

(4) RSSI 的距离分辨率

井下复杂的环境使得 RSSI 波动剧烈,会存在较近的两个位置处 RSSI 值相同的情形,从而导致 RSSI 对距离的分辨能力下降。实验人员测试了不同距离间隔处 RSSI 的相似度,以验证井下 RSSI 对距离的分辨能力。在测试过程中,选取某一固定位置的参考点,然后到参考点的距离每增加 0.5 m 进行一次测试,在每个测试点采集 500 组 RSSI 数据。使用统计学中用于衡量模型拟合度的 R-squared 参数作为表示不同位置 RSSI 相似度的标准,R-squared计算如式(2-8)所示,其中 X_i 为参考点的 RSSI 数据,$\bar{X}$ 为参考点 RSSI 的平均值,T_i 为测试点的 RSSI 数据。R-squared 取值范围为 0 到 1,数值越大表明两个位置处测试得到的 RSSI 更为接近,测试结果如图 2-8 所示。

$$R^2 = 1 - \frac{\sum_{i=1}^{N}(T_i - X_i)^2}{\sum_{i=1}^{N}(X_i - \bar{X})^2} \tag{2-8}$$

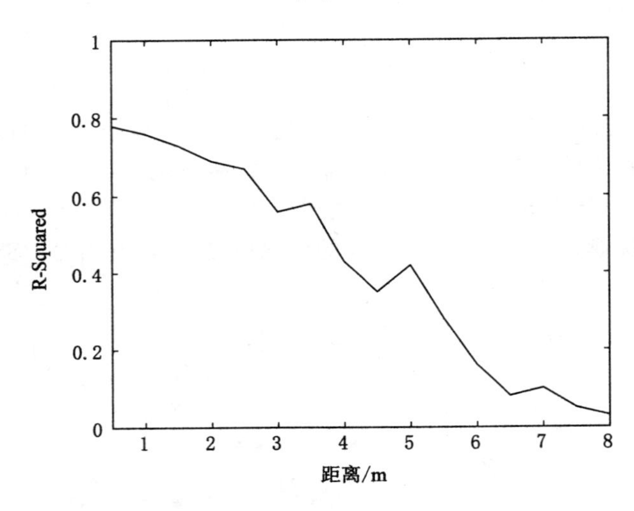

图 2-8　R^2 值随距离变化

从图中可以看出,在距离参考点 0.5 m 处测得 RSSI 数据和参考点处的数据相似度达到 0.78,很难从 RSSI 数值上分辨两个位置。在距离参考点 4 m 的位置处相似度下降到 0.5 以下,为了能够确保位置可分,相似度应该在 0.3 以下,从图中可以看出此时距参考点约为 5.5 m。可以看出由于波动剧烈,使得 RSSI 不能区分较近的距离,因此 RSSI 不能用于高精度定位,需要寻找新的参考量用作指纹特征。

2.3 信道状态信息

从上文实验分析可以看出,井下巷道狭长,信号多以反射和散射的形式进行传播,导致传输距离与 RSSI 不满足严格的单调关系,在同一位置处,RSSI 会出现剧烈波动,在不同位置处会出现相同的RSSI,使得基于RSSI的指纹定位遇到瓶颈,无法进一步提高定位精度。因为,需要使用新的特征量来替代RSSI用作精确指纹定位。CSI是来自物理层的信息,比RSSI具有更细的粒度,有助于对位置信息进行描述。并且,由于MIMO和OFDM等技术在WiFi网络中的应用,使得CSI能够从更多的维度刻画多径传播,将CSI用于生成位置指纹时,有利于提高指纹的可分辨性,在下文中将详细阐述MIMO、OFDM以及CSI的相关信息。

2.3.1 MIMO和OFDM

(1) MIMO

传统通信系统中一般采用单输入单输出的方式进行通信即收发端各一根天线。然而,近些年来虚拟现实和增加现实等新兴业务对数据量的需求越来越大,传统的通信系统已经逐渐无法满足需求[122]。因此,研究者们不断探索新技术来提高通信速率。多输入多输出技术的出现,使得在不增带宽的前提下,成倍提高系统容量成为现实。长久以来,多径效应一直是影响室内通信质量的关键点,然而MIMO却利用多径信号。首先在发射端通过“空时编码”将传输信号分解为多个子信息流,然后再利用多径将子信息流传输出去,在接收端通过对多个子信息流进行分解合并从而实现信号的还原[123]。从本质来说多输入多输出系统中是一种分集技术,它利用接收端和发射端多天线的特点,通过多传输率来提高通信的效率,多入多出系统模型如图2-9所示。

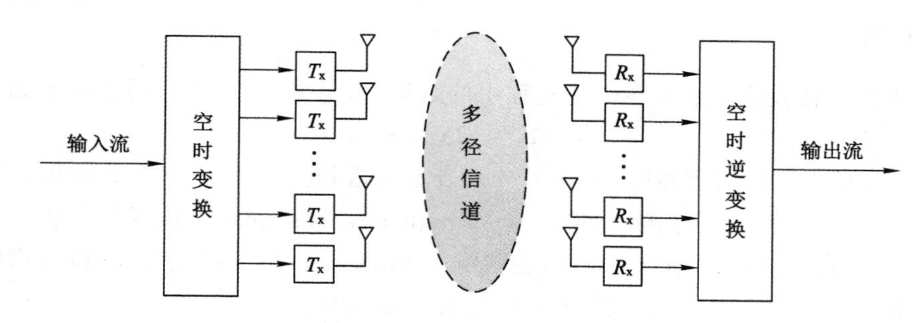

图2-9　多入多出系统模型

(2) OFDM

正交频分复用系统通过多个不同频率的正交子载波对数据进行调制,将串行数据变换成并行数据进行传输,从本质上来说,正交频率复用系统是频分调制系统的一种。系统结构图2-10所示,首先,将要传输的数据流转化成并行数据并完成数据编码,然后通过快速傅立叶逆变换(Inverse Fast Fourier Transformation,IFFT)对编码后的数据进行调制,再将调制后的信号转换成串行数据,对串行数据插入循环前缀,以便于在接收端的检测;然后,再进行数模转换,将数字量转变成模拟量,最后,将经过低通滤波器滤波后的模拟数据发送到信道中。接收端的步骤和发射端相反,将接收到的模拟数据经过低通滤波后,进行数模转换,将模拟量转化成数字量;然后进行循环前缀去除,将除去循环前缀的串行数据通过串并转换,转换成并行数据,最后通过快速傅立叶变换(Fast Fourier Transformation,FFT)[124]、编码映射和并串转化等步骤还原出输入端输入的数据。

正交频分复用系统的优点如下：

(1) 用于发送数据的各个子载波频率不同，能够最大程度避免彼此之间的干扰。

(2) 子载波相互正交，即使在重合的信道中也能够实现信号的分离，提高了频谱效率。

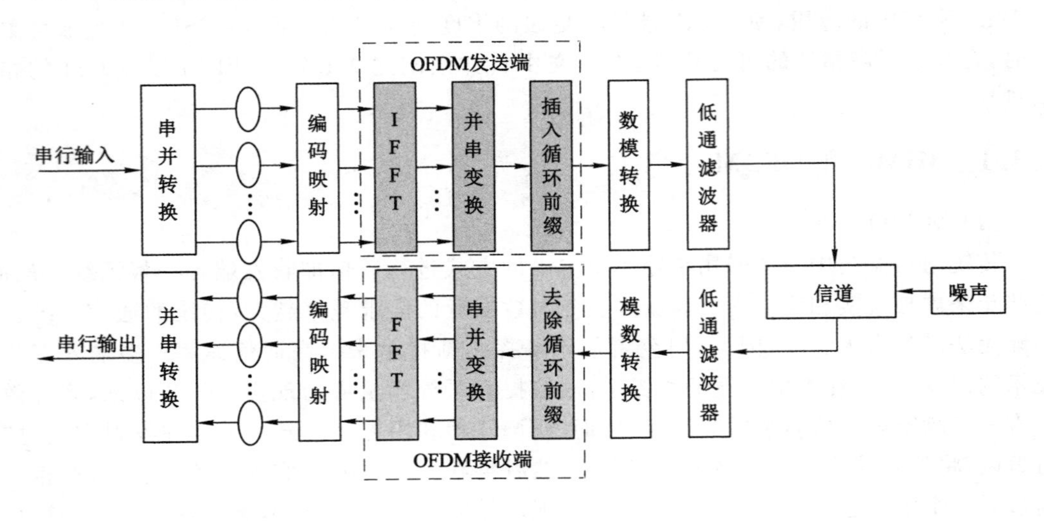

图 2-10　正交频分复用系统模型

2.3.2　CSI

信道状态信息表述了信号在传输过程中的衰落、散射等特性，信号传输模型如下[125]：

$$\boldsymbol{Y} = \boldsymbol{HX} + \boldsymbol{n} \tag{2-9}$$

式中，$\boldsymbol{H}(f)$是信道频率响应矩阵；$\boldsymbol{X}$ 和 $\boldsymbol{Y}$ 分别表示发送和接收信号矢量；$\boldsymbol{n}$ 表示加性高斯白噪声。通常情况下，信道频率响应(Channel Frequency Response，CRF)需要借助专业的仪器才能够获得，而现可以利用 CSITool，在装配了 Intel 5300 网卡的设备上，以信道状态信息的形式获取信道频率响应[126]，因此 $\boldsymbol{H}$ 可以为公式(2-10)所示：

$$\boldsymbol{H} = [CSI_1, CSI_2, \cdots CSI_k, \cdots, CSI_N]^{\mathrm{T}} \tag{2-10}$$

式中，N 表示正交频分复用系统中子载波个数；CSI_k 表示第 k 个子载波的频率响应；CSI_k 是由幅度 $|CSI_k|$ 和相位 θ_k 的复数：

$$CSI_k = |CSI_k| \mathrm{e}^{\mathrm{j}\theta_k} \tag{2-11}$$

根据 802.11n 协议，信号传输的中心频率可以是 2.4 GHz 和 5 GHz，因此可以选择使用 20 MHz 或 40 MHz 带宽发送数据，由于 OFDM 系统中，相邻子载波之间的频率差是固定值，因此，在不同的传输带宽下，用于调制信号的子载波的数目不同，在 20 MHz 带宽时用于发送信号的子载波为 56，而在 40 MHz 带宽下，用于发送信号的子载波数为 114[127]。表 2-1 给出了不同带宽下子载波的编号。在表中，负号表示该子载波频率小于中心频率，正号表示该子载波频率大于中心频率。受到 CSITool 的限制，只能够获得 30 个子载波，即在 20 MHz 带宽下，能够获得组别号为 2 的所有子载波；在 40 MHz 下，能够获得组别号为 4 的所有子载波[128]。

表 2-1 802.11 协议中不同带宽下的子载波情况

带宽	子载波组别	子载波数	用于传输信号的子载波编号
20 MHz	1	56	−28,−27,…−2,−1,1,2,…,27,28
	2	30	−28,−26,−24,…,−6,−4,−2,−1,1,3,5,…,23,25,27,28
	4	16	−28 ,−24, −20,−16,−12,−8,−4,−1,1, 5, 9,13, 17 ,21, 25,28
40 MHz	1	114	−58,−57,…,−3,−2,2,3,…,57,58
	2	58	−58,−56,−54,−52,…,−6,−4,−2,2,4,6,…,52,54,56,58
	4	30	−58,−54,−50,…,−10,−6,−2,2,6,10,…,50,54,58

在 MIMO 系统中，接收端和发射端都有多个天线，发射和接收天线之间都是相互独立的，因此每对发射和接收天线都会有数据流，此时所有天线对形成的信道信息矩阵为：

$$\boldsymbol{H}=\begin{bmatrix}\boldsymbol{H}_{11} & \boldsymbol{H}_{12} & \cdots & \boldsymbol{H}_{1t}\\ \boldsymbol{H}_{21} & \boldsymbol{H}_{22} & \cdots & \boldsymbol{H}_{2t}\\ \cdots & \cdots & \cdots & \cdots\\ \boldsymbol{H}_{r1} & \boldsymbol{H}_{r2} & \cdots & \boldsymbol{H}_{rt}\end{bmatrix} \tag{2-12}$$

式中，$\boldsymbol{H}_{rt}$ 表示由发射天线 r 和接收天线 t 建立的通信链路的信道状态信息矩阵。

因此，信道状态信息复数矩阵 $\boldsymbol{H}$ 的总维度为 $p\times q\times s$，p、q 和 s 分别代表了发射天线数、接收天线数及总子载波数，图 2-11 展示全部子载波的幅度信息。

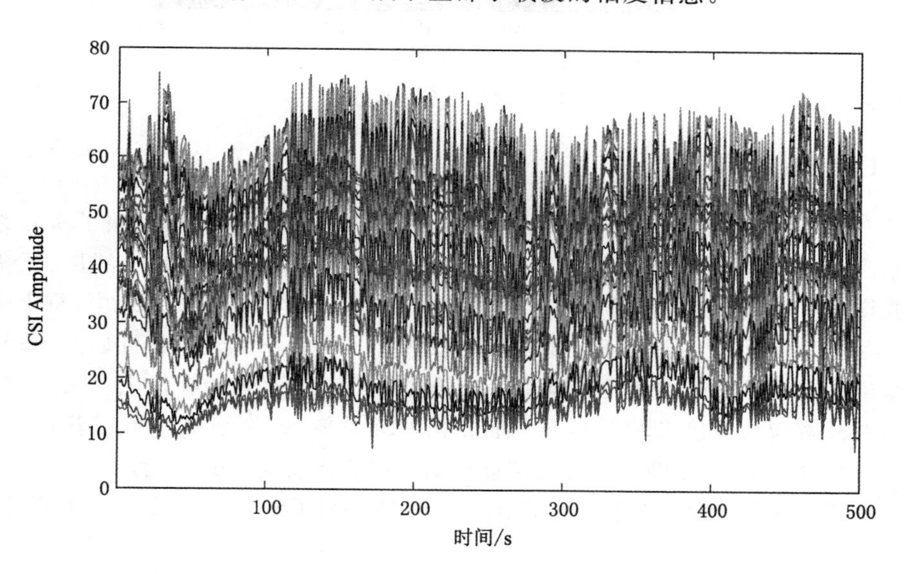

图 2-11 CSI 幅度变化

由于在频域上，多径效应通常表现为频率选择性衰落，因此，也可以用信道的频率响应来刻画多径传播。

$$\mathrm{CSI}_k=\sum_{p=1}^{L}\alpha_p \mathrm{e}^{-\mathrm{j}2\pi f_k \tau_p} \tag{2-13}$$

式中，L 表示路径数目；f_k 表示子载波频率，α_p 和 τ_p 分别表示第 p 条路径的幅度和传输时延。通过对信道频率响应做离散傅立叶逆变换可以得到 CIR，CIR 表示为：

$$h(\tau)=\sum_{p=1}^{N}\alpha_p e^{-j\theta_p}\delta(\tau-\tau_p) \tag{2-14}$$

式中，θ_p 表示第 p 条传播路径的相位；$\delta(\tau)$是狄克拉脉冲函数。利用 CIR 可以获得信号功率时延分布(Power Delay Profile,PDP)，PDP 计算方式如式(2-15)所示：

$$p(\tau)=E[|h(\tau)|^2] \tag{2-15}$$

图 2-12 显示信号功率时延分布。如图所示，最大功率不出现在第一条谱线上。一般假定第一峰值为直达路径的功率。如果第一个峰值不是最大峰值，则说明信号在传输过程中，多径效应影响严重，因此在下文中，会提出一种滤波方法来抑制多径的影响。

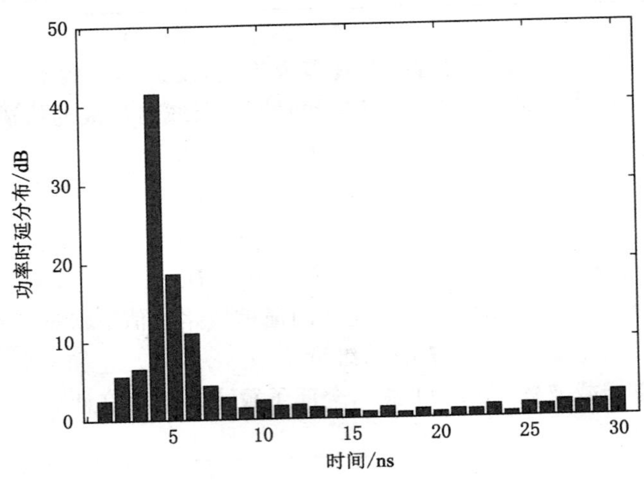

图 2-12　功率时延分布

2.3.3　CSI 和 RSSI

图 2-13 描述了 RSSI 与 CSI 之间的对比关系，RSSI 像白光一样，反映了所有路径叠加后的总幅度，不能够描绘出每条路径衰落情况。而 CSI 可以认为是白光经过三棱镜折射后形成的光谱，OFDM 系统就可以当作折射用的三棱镜[33]。在 OFDM 系统中，每个子载波的 CSI 分别由幅度和相位组成，多个子载波能够反映出不同频率的衰落特性以及多径效应等。从信息维度上来说，RSSI 信息只有幅度信息，所以每个 RSSI 只能够提供一维数据，而每个子载波的 CSI 都包含幅度和相位信息，通过 OFDM 系统，每个数据包可以获得 60 维的信息。可以看出，CSI 能够提供更丰富的信息有助于提高指纹定位的性能。

为了验证 CSI 比 RSSI 更适合用于指纹定位，本书对 CSI 数值做出了 2 个假设，然后利用实验，验证假设的正确性。

假设 1：与 RSSI 值相比，CSI 幅度值在固定位置处，随时间的变化幅度小。

实验人员在选取了 50 个位置对 CSI 和 RSSI 进行测试，每个位置采集 100 个数据包。首先对采集的 CSI 幅度和 RSSI 进行归一化处理，然后分别计算各自的标准差，图 2-14 为标准差的累计分布函数曲线(Cumulative Distribution Function,CDF)。从图中可以看出，对于 CSI 幅度值，90%的标准差小于 0.4，而对于 RSSI 值，标准差小于 0.4 的部分只占到 30%。由此可以看出，在同一位置 CSI 的幅度值要比 RSSI 更稳定，因此可以将 CSI 幅度值用于位置指纹特征。

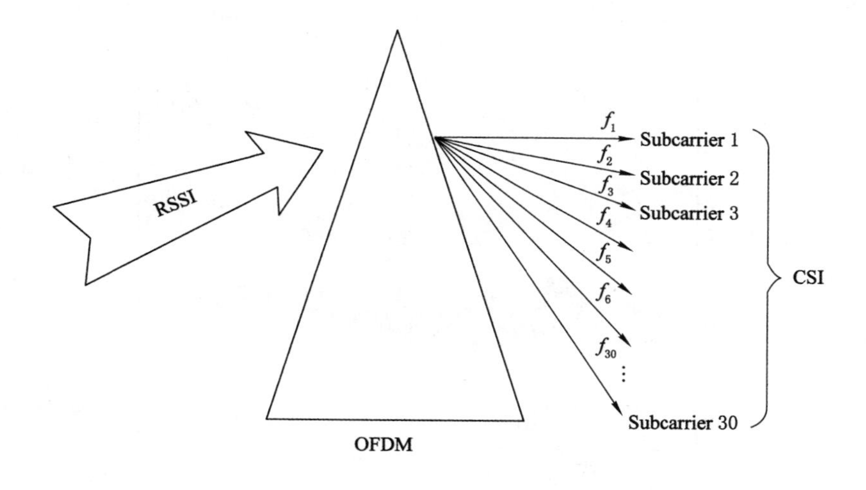

图 2-13　RSSI 与 CSI 对比

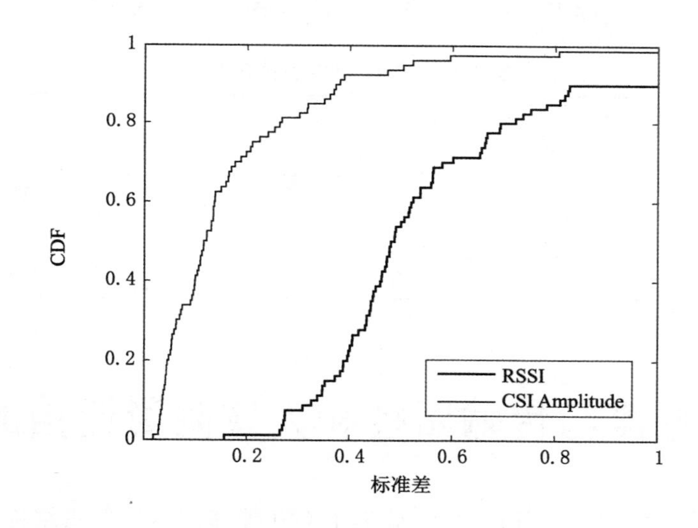

图 2-14　标准差累计分布曲线

假设 2: Intel 5300 网卡的 3 根天线具有不同的频率响应特性,利用多天线技术能够有助于提高指纹的多样性。

Intel 5300 网卡配备三根天线,为了验证 3 根天线具有不同的频率响应特性,实验在同一位置处,分别对采集 3 个天线的 CSI 幅度信息,每根天线采集的数据包为 1 000。图 2-15 为子载波 1 在 3 根天线上的幅度值,从图中可以看出,在不同天线上,子载波幅度具有明显的不同,因此,可以利用多天线技术来提高指纹的多样性。

从上述两个实验可以看出,CSI 在固定位置处幅度的波动更小,这主要是由于 CSI 是部分路径簇叠加的结果,不同于 RSSI 为所有路径叠加的结果,相比于 RSSI,CSI 具有更细的粒度,能够刻画出路径的衰落情形。而且在不同链路中 CSI 的幅度也明显不同,因此,可以利用多链路的 CSI 来进一步提高不同位置的差异性,表 2-2 对比了 CSI 和 RSSI 的性能。

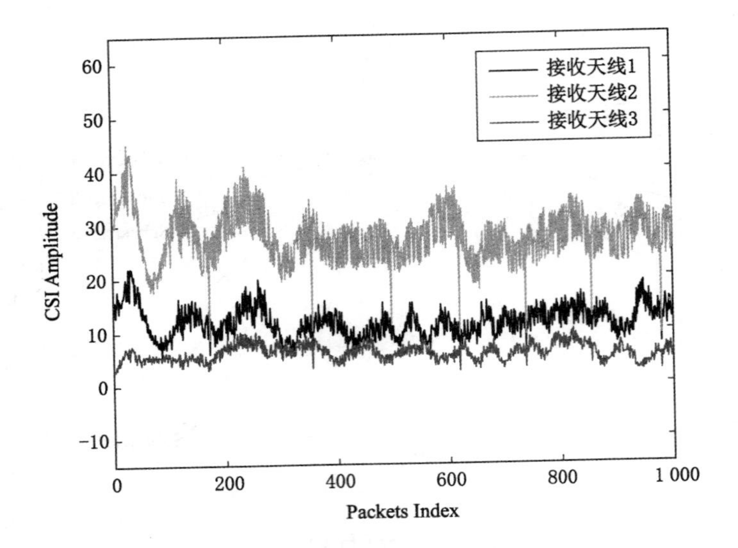

图 2-15　MIMO 系统中三条接收链路 1 号子载波

表 2-2　CSI 与 RSSI 性能比较

对比内容	RSSI	CSI
传输层次	MAC 层	Physical 层
路径分辨率	混合路径	路径簇
稳定性	低	高
支持设备	所有 WiFi 设备	部分无线网卡

2.4　CSI 幅度与传输路径和人体阴影遮挡的关系

在上一小节中，通过与 RSSI 的对比，验证了 CSI 能够用于位置指纹构造，本小节通过分析传输路径与 CSI 之间关系，建立基于 CSI 的路径传输模型，为下文位置指纹的构造提供理论依据。

2.4.1　基于 CSI 的路径传输模型

为了量化 CSI 幅度与信号传输路径的关系，首先讨论在视距环境中信号的传输。假设信号通过多条路径传输到接收端，那么接收端的信道状态信息可以表示为：

$$H(f,t)=\mathrm{e}^{-\mathrm{j}2\pi\Delta ft}\sum_{k=1}^{N}a_k(f,t)\mathrm{e}^{-\mathrm{j}2\pi f\tau_k(t)} \tag{2-16}$$

其中，N 为传输总路径数；$a_k(f,t)$ 为复数，其实部为第 k 条路径的衰落因子，虚部为第 k 条路径的初始相位；$\mathrm{e}^{-\mathrm{j}2\pi\Delta ft}$ 表示接收机和发射机之间的相位偏移；Δf 为接收机和发射机之间的频率差；$\mathrm{e}^{-\mathrm{j}2\pi f\tau_k(t)}$ 为第 k 条传输路径的相位偏移；$\tau_k(t)$ 为其传输时延。

假设第 k 条路径的原始长度为 $d_k(0)$，现被定位目标在时间 t 内移动，此时路径长度为

$d_k(t)$，那么可以计算出相应的时延：

$$\tau_k(t)=\frac{d_k(t)}{c} \tag{2-17}$$

根据 $\lambda=c/f$，可以将 $e^{-j2\pi f\tau_k(t)}$ 变为 $e^{-j2\pi f\frac{d_k(t)}{\lambda}}$，由此可以看出，每当移动一个波长的距离，相位的偏移增加 2π。

如图 2-16 所示，对于接收端的 CSI 可以分解成直达路径和反射路径两个部分，直达路径表示成 $H_d(f)$；反射路径表示成形式 $H_r(f)$；P_d 表示所有的反射路径，反射路径表示方法如下：

$$H_r(f,t)=\sum_{k\in P_d} ak(f,t)e^{-j2\pi d_k(t)/\lambda} \tag{2-18}$$

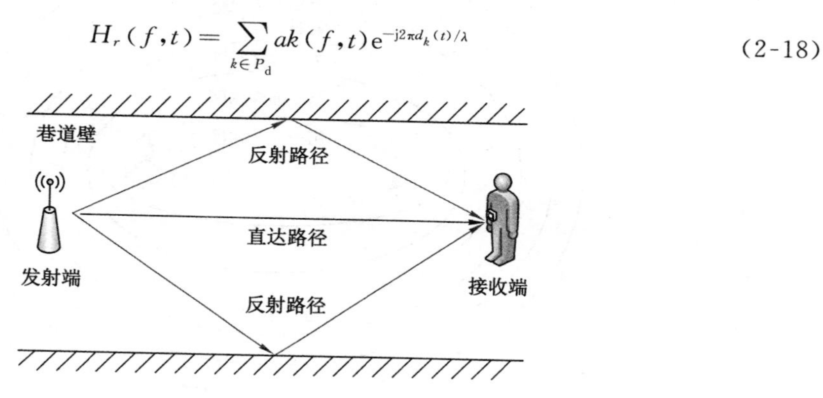

图 2-16　直达路径和反射路径

所有路径的叠加可以表示成：

$$H(f,t)=H_d(f,t)+H_r(f)=e^{-j2\pi\Delta ft}(H_d(f)+\sum_{k\in P_d} a_k(f,t)e^{-j2\pi d_k(t)/\lambda}) \tag{2-19}$$

假设人员在 t 时间内移动一小段距离，第 k 条路径的长度将从$d_k(0)$变化到$d_k(t)$，在 t 时刻 CSI 幅度为：

$$\begin{aligned}|H(f,t)|^2=&\sum_{k\in P_d}2|H_s(f)a_k(f,t)|\cos\left(\frac{2\pi d_k(0)}{\lambda}+\varphi_{sk}+\right.\\&\sum_{k\in P_d}2|a_k(f,t)a_l(f,t)|\cos\left(\frac{2\pi(d_k(0)-d_l(0))}{\lambda}+\varphi_{lk}\right)+\\&\sum_{k\in P_d}|a_k(f,t)|^2+|H_s(f)|^2\end{aligned} \tag{2-20}$$

其中，φ_{sk}和φ_{lk}均为常数。所以从公式(2-20)中可以看出，某一时刻 CSI 幅度是由路径衰减因子和余弦函数共同决定的，余弦函数受路径长度影响。

2.4.2　菲涅尔区理论

近年来，研究者在视距范围(Line of Sight，LOS)环境下基于信道状态信息相关工作中引入了菲涅尔区理论，标志着基于 WiFi 信号的检测由基于模式逐渐过渡为基于模型的阶段。实践证明，该理论的确有利于指导模型设计和实验分析，有效提高了实验的稳定性和再现性。

菲涅尔区最早用来讨论光学中的干涉与衍射定理，1936 年美国专利进一步研究射频在菲涅尔区的应用。由此基于菲涅尔区的研究广泛深入到包括微波传播、无线电台放置和天线设计等各种应用。基于菲涅尔区研究主要探索了动静路径在菲涅尔区中的传播特性，从而得出最佳检测位置，并揭示了微小运动对接收数据的影响。如此便可在射频波长的粒度下捕捉接收射频信号上的细微位移，将传感分辨率提升到前所未有的厘米级，这为室内环境的高精度定位开辟了新的机遇。图 2-17 为一对收发装置环境下的菲涅尔区，其中 T_X 为信号发射端，R_X 为信号接收端。

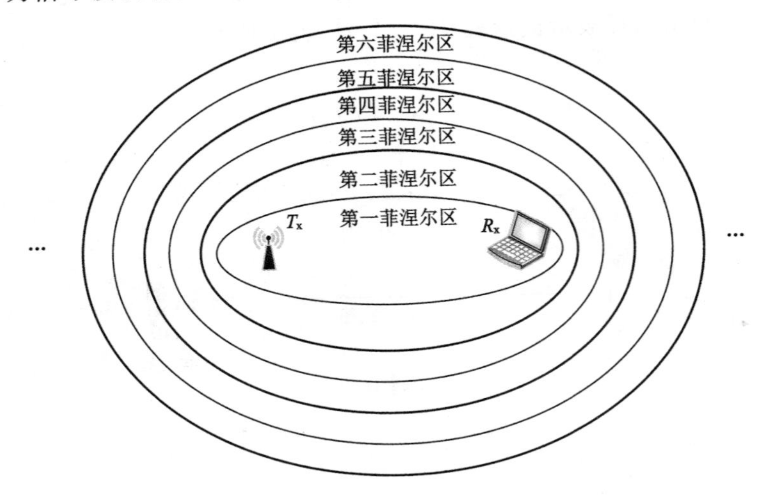

图 2-17　一对收发装置环境下的菲涅尔区

如图 2-18 所示，P_1 和 P_2 分别为信号发射端和接收端，当无线电从 P_1 发送到 P_2 时，环境中产生若干个以 P_1 和 P_2 为焦点的同心椭圆。假设发送波长为 λ，n 个菲涅尔区的数学表达可用式(2-21)表示：

$$|p_1Q_n|+|Q_np_2|-|p_1p_2|=n\lambda/2 \tag{2-21}$$

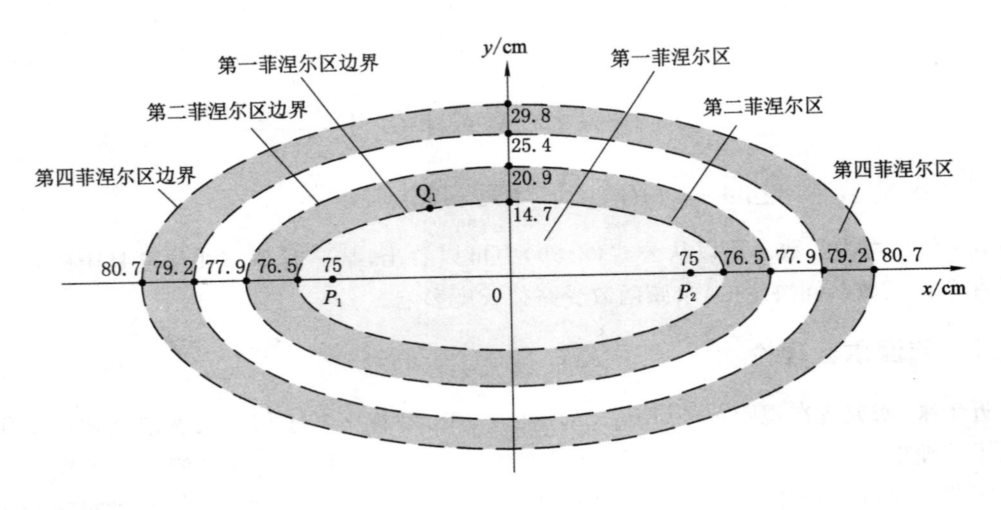

图 2-18　菲涅尔区几何示意图

如图所示的第一个中间椭圆环包围的区域为第一菲涅尔区，Q_1 为第一菲涅尔区边界上的随机点，第二菲涅尔区为第一、二个椭圆的中间环，以此类推第 n 菲涅尔区为第 $n-1$、n 椭圆的中间环，所有图中虚线部分所示的椭圆为菲涅尔区边界，则第 n 个菲涅尔区边界的数学表达如式(2-22)所示：

$$b_n = \{Q_n, P_1, P_2 \mid |P_1Q_n| + |Q_nP_2| - |P_1P_2| = n\lambda/2\} \tag{2-22}$$

上式中，菲涅尔区宽度随 n 增大逐渐变窄，接近 $\lambda/2$。在菲涅尔区中，信号传播强度随目标位置发生相应的变化，随着目标以垂直于视距路径的方向向外移动时，CSI 的信号强度开始逐渐减弱，直到丧失了捕捉运动的能力。其中，第一菲涅尔区的 CSI 信号强度最大，且超过七成的信号能量在 8～12 个菲涅尔区传输，当目标位于第 12 个菲涅尔区之外时，检测效果将大幅度降低。

当发射端 P_1 向接收端 P_2 发送无线电信号时，接收信号的幅度和相移由 $|P_1P_2|$ 的长度(LOS)决定。当环境中某一静止物体恰好位于第一菲涅区边界 Q_1 处时，原路经结构新增一条由 P_1 经 Q_1 到达 P_2 的反射路径 $|P_1Q_1P_2|$，最终接收端线性组合反射路径与视距路径信号，产生复合的 CSI 数据。环境中信号由于反射作用将产生 π 个固定相移，由式(2-22)可知，信号经反射后比视距路径长 $\lambda/2$，由此接收信号产生 π 的相位差，综合考虑固定相移可知视距路径与反射路径相移同相、振幅不同，因此接收信号强度增大；而当环境中某一静止物体恰好位于第二菲涅区边界 Q_2 处时，由式(2-22)可知，信号经反射后比视距路径长 λ，由此接收信号产生 2π 的相位差，综合考虑固定相移可知，视距路径与反射路径相移异相、振幅不同，因此接收信号强度减小；相位叠加导致信号振幅变化如图 2-19 所示。因此可得菲涅尔区中静态物体传播特性随奇偶菲涅尔区边界位置呈现信号强度增大、减小的变化趋势，其中奇数边界处信号强度增大，偶数边界处信号强度减小。

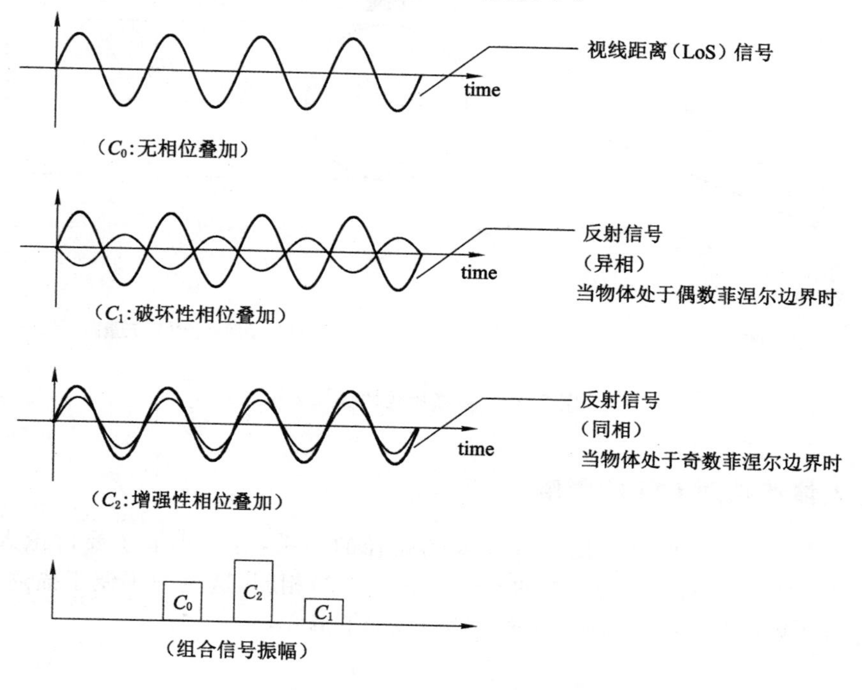

图 2-19　相位叠加导致信号振幅变化图

因此，当环境中某一物体沿垂直于视距路径的方向向外运动时，接收端综合 LOS 信号和反射信号，产生由层层菲涅尔区边界影响生成的信号峰值、谷值相继交替的现象，如图 2-20所示，信号产生忽强忽弱的变化趋势。

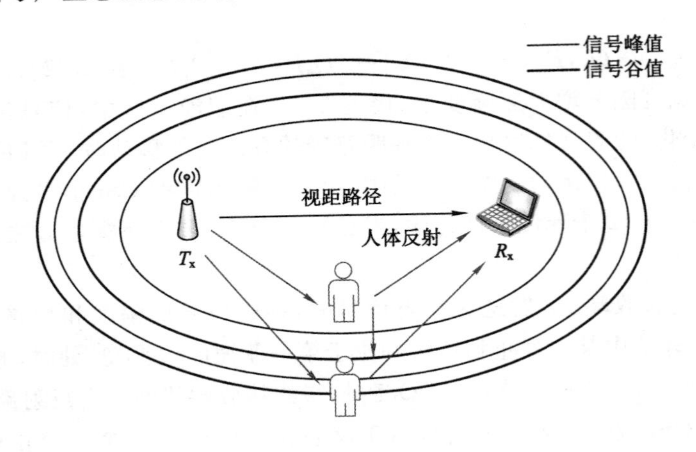

图 2-20　菲涅尔区传播特性

在实验环境中，一个发射信号通过多条路径达到接收器，信号由环境中动态和静态物体影响产生不同特征的反射信号，如图 2-21(a)中，浅色表示静态路径，深色表示动态路径。

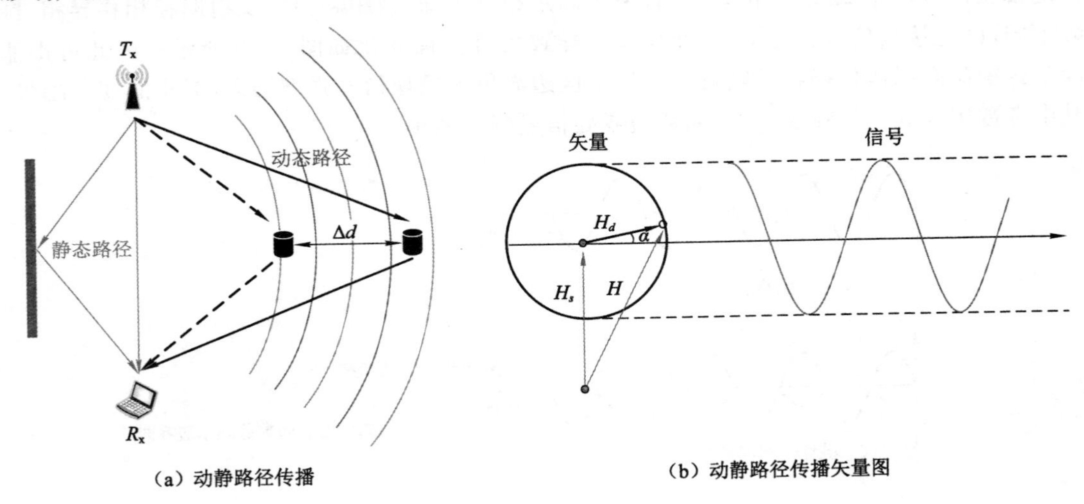

图 2-21　多路径线性叠加表示

2.4.3　人体遮挡对 CSI 的影响

在上一小节分析中可以得出 CSI 幅度和路径的关系，这一小节主要讨论人体遮挡对 CSI 的影响。当面向 AP 时，接收端的 CSI 与式(2-23)相同，这里为了便于描述，假设接收端和发射端之间不存在载波频偏，将接收端写成如下形式：

$$h_{\mathrm{N}} = a_D \mathrm{e}^{-\mathrm{j}\varphi_D} + a_R \mathrm{e}^{-\mathrm{j}\varphi_R} \tag{2-23}$$

其中，a_D 和 φ_D 分别是直达路径的幅度和相位；a_R 和 φ_R 反射路径的幅度和相位。

为了能够表示多径向量叠加，将直达路径的功率与 CSI 总功率的比值定义为多径因子 μ；定义 $\gamma=a_D/a_R$ 表示直达路径与反射路径幅度的比值。由于接收端和发射端不存在频偏，因此 $\varphi_D=0$，多径因子 μ：

$$\mu=\left(\frac{a_L}{h_N}\right)^2=\frac{\gamma^2}{\gamma^2+1+2\gamma\cos\varphi} \tag{2-24}$$

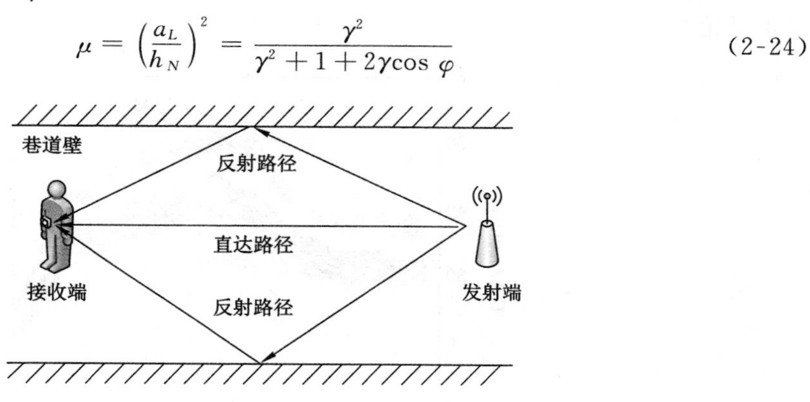

图 2-22　人员背向 AP

如图 2-22 所示，当人员背向 AP 时，人体会遮挡直达路径，产生阴影效应。假设遮挡后的幅度和相位分别为 a'_D 和 φ'_D，由人体遮挡引起的阴影衰落可以表示为：

$$h_s=a'_D\mathrm{e}^{-\mathrm{j}\varphi'_D}+a_R\mathrm{e}^{-\mathrm{j}\varphi_R} \tag{2-25}$$

由于人体通常被当作圆柱体进行建模，而且人体组织的尺寸小于 WiFi 波长，所以人体对路径的遮挡可以近似看成幅度的衰落，而相位并没有发生变化，因此 $\varphi_D=0$，将 $\beta=a'_D/a_D<1$ 定义为幅度衰落因子，所以在人为阴影下的幅度衰减 Δs 为：

$$\Delta s=10\lg\left(\frac{h_s}{h_N}\right)^2=10\lg\frac{\beta^2\gamma^2+1+2\beta\gamma\cos\varphi}{\gamma^2+1+2\gamma\cos\varphi} \tag{2-26}$$

相对直达路径，反射路径对设备噪声的干扰更为敏感，为了测量的准确性和稳定性，使用多径因子 μ 来代替 φ，所以 Δs 为：

$$\Delta s=10\lg\left[\beta+(1-\beta)\left(\frac{1-\beta\gamma^2}{\gamma^2}\right)\mu\right] \tag{2-27}$$

由于 μ 是由传播距离、反射路径数目以及路径损耗等常数决定，因此人体阴影效应只会影响幅度衰落，并不影响路径的相位。可以看出在某一固定位置，CSI 幅度和相位是固定的，因此 CSI 的幅度和相位是可以用作位置指纹特征的。

2.5　实验分析

2.5.1　人体遮挡对 CSI 幅度和相位的影响

首先测试了人体遮挡对 CSI 幅度的影响，在距离 AP 5 m 处，分别测试面向和背向 AP 两种情形下 CSI 幅度和相位的变化，数据采集时间为 3 min，采集频率为 1 Hz。图 2-23 和图 2-24 分别是幅度和相位的测试结果。从图 2-18 中可以看出，当背向 AP 时候每个子载波的CSI幅度都分别出现不同程度的衰落，而且当背向AP时，信号的路径传输发生变化，多径因子变大，导致CSI幅度的波动要高于面向AP时的波动。图2-24是每个子载波的CSI相位变化情况，从图中可以看出，两种情形下CSI相位几乎没发生变化，从而验证了上一小节的结论。

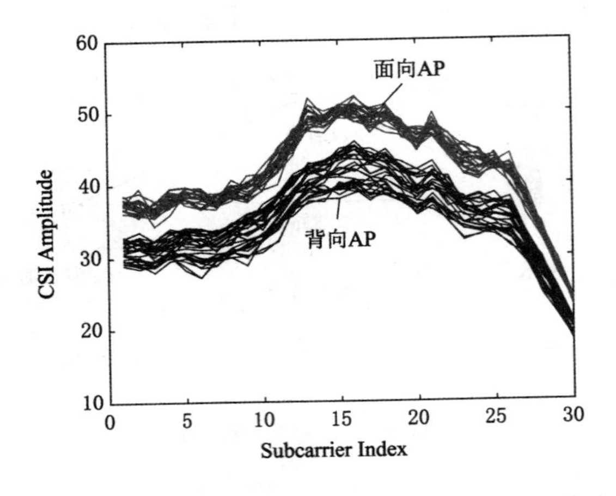

图2-23　两种情况下CSI幅度的变化

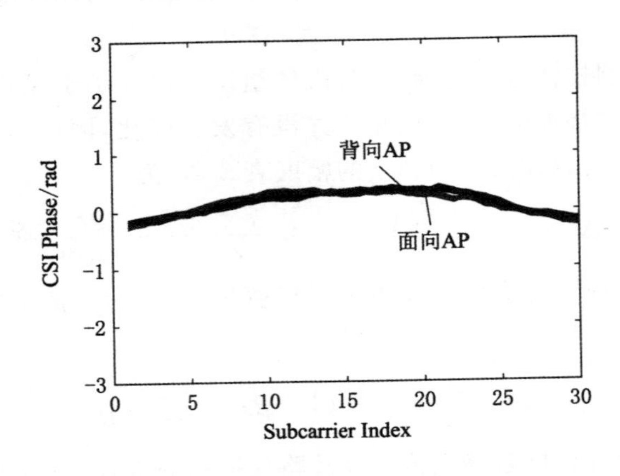

图2-24　两种情况下CSI相位的变化

2.5.2　CSI幅度的距离分辨率

在2.3.3小节中，验证了CSI幅度比RSSI更为稳定。在本小节对比2.2.2小节中RSSI的距离分辨率，测试了CSI幅度的距离分辨率，测试过程和2.2.2小节中对RSSI的测试一致，测试结果如图2-25所示。从图中可以看出，在间隔距离达到1 m时候，CSI幅度的相似度已经下降到0.5左右，在距离2 m时候，CSI幅度的相似度已经下降到0.3，而此时RSSI的相似度为0.7，可以看出和RSSI相比，CSI幅度具有更高的距离分辨率，可以用于高精度定位。

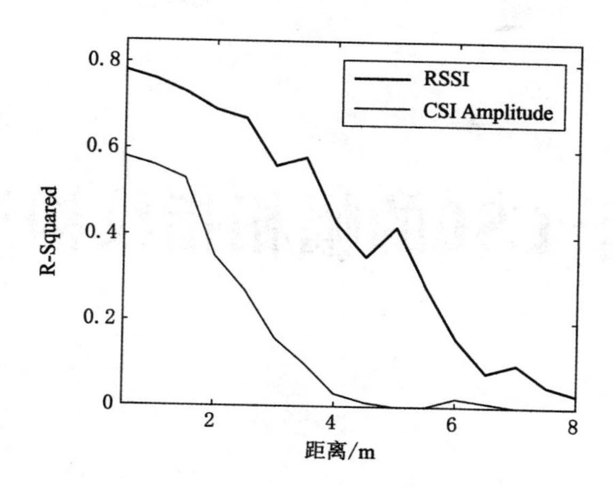

图 2-25 CSI 幅度和 RSSI 的 R^2 值随距离变化

2.6 本章小结

在章中首先从原理上介绍了 RSSI，分析井下影响 RSSI 的因素，并通过井下实验验证了多径传输、阴影衰落以及非视距传输对 RSSI 的影响，进而得出 RSSI 不适合高精度指纹定位。接着从原理上出发，着重介绍了 CSI 的特点并通过与 RSSI 的实验对比验证了 CSI 具有更好的时间稳定性；最后通过理论推导，提出了基于 CSI 路径传输模型，建立了 CSI 幅度和相位与位置的关系，为下一章构建幅度和相位指纹提供理论支撑。

3 基于 CSI 的幅相指纹构造方法

3.1 引言

在上一章中，从理论和实验对比了 RSSI 和 CSI 的特性，从对比中能够看出，在同一位置，CSI 比 RSSI 更为稳定，并且 CSI 不同位置的差异性也高于 RSSI。由此可以看出 CSI 比 RSSI 更适合用于指纹定位，由于 CSI 的幅度和相位都有其独立特性，可以独自作为位置指纹特征，在本章中主要介绍 CSI 幅度和相位指纹的构造方法，并通过实验对比了 CSI 幅度和相位指纹和 RSSI 指纹定位性能。

3.2 指纹定位框架

和传统的指纹定位方法相似，本书基于 CSI 的井下指纹定位方法主要分为两个部分：离线训练阶段和在线预测阶段，具体的结构和流程如图 3-1 所示：

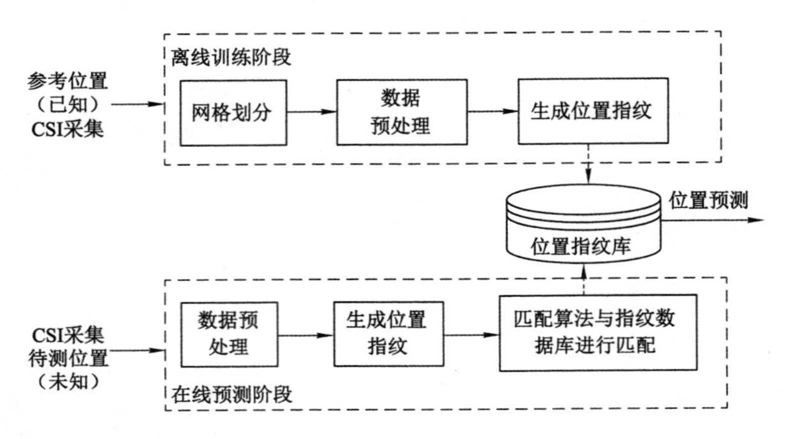

图 3-1 指纹定位流程

（1）离线训练阶段

在离线训练阶段，先将定位场景进行虚拟网格划分，对每个划分的网格进行编号，建立网格编号和实际坐标的映射关系，以网格的中心位置作为参考位置。在每个参考位置处，利用 CSI 采集设备采集 CSI 数据，根据下文介绍的信号预处理方法，对 CSI 的幅度和相位进行处理，然后根据设计的幅度和相位指纹生成方法，分别生成幅度指纹和相位指纹。最后，把在各个参考位置处生成的位置指纹汇集起来，并以此来构建位置指纹数据库，利用指纹数据库，完成指纹匹配算法的参数训练，以便将其与待测位置处的指纹进行相似度匹配，从而得到目标位置的坐标，实现对井下人员的定位。

（2）在线预测阶段

在线预测阶段，首先是在同一测试场景中尽可能随机地选择一些未知位置作为待测目标。然后，在待测位置处采集 CSI 数据并按照与离线训练阶段同样的位置指纹生成方法，利用采集的 CSI 数据包生成位置指纹。最后利用指纹匹配算法，将其与在离线阶段已经构建的位置指纹数据库进行对比，预测出待测位置的网格号，进而通过离线训练阶段建立的网格编号和实际坐标的映射关系估计待测位置的坐标。

3.3 基于 CSI 幅度的指纹构造方法

3.3.1 离群点去除

在采集 CSI 数据过程中，由于接收端电路中硬件噪声以及环境噪声的干扰使得采集到的 CSI 数据会出现一些异常值，这些异常值被称为离群点。离群点会干扰幅度指纹的构造，因此，首先利用 Hampel 滤波器将离群点进行剔除[129]。

Hampel 滤波器剔除离群点的过程中，用$\{x_k\}$表示采集数据的集合，其中每个数据表示为：

$$x_k = x_{\text{nom}} + e_k \tag{3-1}$$

式中，x_{nom}表示正常数据；$\{e_k\}$为每个点到正常数据的偏移值。通过判断e_k即可确定该点是否为离群点，具体过程如下：

（1）计算中位数：将数据集进行降序排列，求出其中位数x_{median}；

（2）计算绝对中位差：将数据中的每个数分别与中位数x_{median}相减，将相减后的序列命名为$\{y_k\}$，对$\{y_k\}$进行降序排列，可以得到反映数据偏离度的绝对中位差 MAD，MAD 表示如下：

$$\text{MAD} = \text{median}\{\,|x_k - x_{\text{median}}|\,\} \tag{3-2}$$

（3）设置判别阈值 T 如下：

$$T = \frac{1.482\,6\,|x_k - x_{\text{median}}|}{\text{median}\{\,|x_k - x_{\text{median}}|\,\}} \tag{3-3}$$

根据经验，一般将阈值设置为 3，大于阈值的数据就被认为是离群点。在 Hampel 滤波器中，数据的分布情况是通过 MAD 和中位值来描述的，因此只对较大的异常值敏感，误判率低，对离群点的剔除效果好。

如图 3-2 所示为利用 Hampel 滤波器对 4 个子载波数据剔除情况。图中圆点为子载波幅度在一段时间内的分布情况，从图中明显可以看出原始子载波数据存在异常点，圆圈中的点表示 Hampel 滤波器判定的离群点。从图中可以看出，经过 Hampel 处理之后，离群点被有效去除。

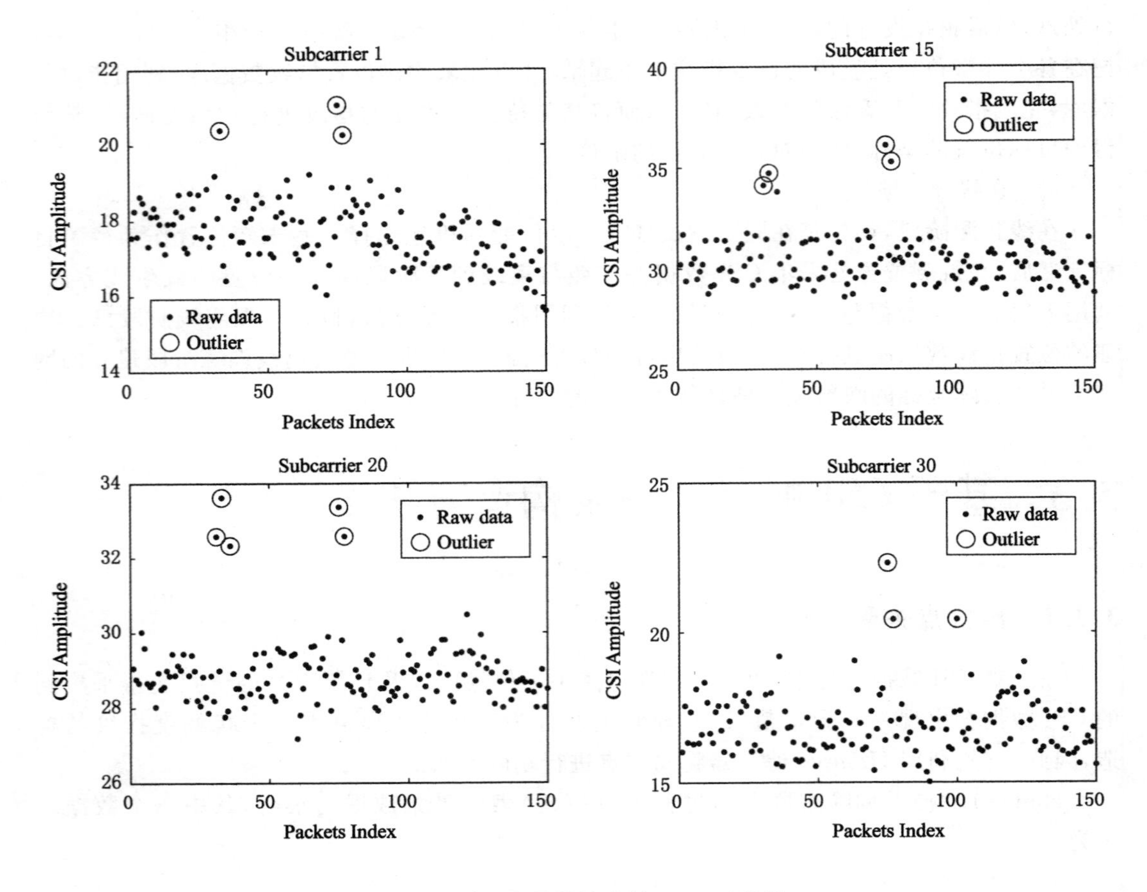

图 3-2　对 4 个子载波进行 Hampel 滤波

3.3.2　数据降噪

由于随机噪声不造成信号主成分的变化，因此利用主成分分析方法（Principal Component Analysis，PCA）能够实现数据去噪[130]。数据去噪过程主要分为 4 步，具体步骤如下：

（1）样本中心化：假设采样数据集 $\boldsymbol{X}=\{\boldsymbol{x}_1,\boldsymbol{x}_2,\cdots,\boldsymbol{x}_n\}$，其中 $\boldsymbol{x}_i$ 的维度为 m，将数据每个样本减去其对应的均值：

$$\boldsymbol{x}_i := \boldsymbol{x}_i - \frac{1}{m}\sum_{1}^{n}\boldsymbol{x}_i \tag{3-4}$$

（2）计算协方差矩阵：

$$\boldsymbol{C} = \frac{1}{m}\boldsymbol{X}^{\mathrm{T}}\boldsymbol{X} = \frac{1}{m}\begin{bmatrix} \mathrm{cov}(x_1,x_1) & \cdots & \mathrm{cov}(x_1,x_n) \\ \vdots & \ddots & \vdots \\ \mathrm{cov}(x_m,x_1) & \cdots & \mathrm{cov}(x_m,x_n) \end{bmatrix} \tag{3-5}$$

（3）特征矩阵分解：按照特征分解方法对协方差矩阵进行分解，得到相应的特征值，使用 $\{v_1,v_2,\cdots,v_n\}$ 表示降序排列后的特征值，$\{u_1,u_2,\cdots,u_n\}$ 表示对应的特征向量。使用前 k 个特征向量构成投影矩阵 $\boldsymbol{U}$：

$$\boldsymbol{U} = \{u_1,u_2,\cdots,u_k\} \tag{3-6}$$

(4) 数据降噪:将原始数据 $\boldsymbol{X}$ 与 $\boldsymbol{U}$ 相乘,得到降噪后的矩阵 $\boldsymbol{Y}$:

$$\boldsymbol{Y} = \boldsymbol{XU} \tag{3-7}$$

表 3-1 为基于 PCA 的去噪算法。

表 3-1 基于 PCA 的去噪算法

基于 PCA 的去噪算法
Input:采集的 CSI 数据 X;
Output:降噪后的数据 Y;
1:数据中心化:$x_i := x_i - \frac{1}{m}\sum_{i=1}^{n} x_i$;
2:求中心化后数据的协方差矩阵 $\boldsymbol{X}^{\mathrm{T}}\boldsymbol{X}$;
3:矩阵 $\boldsymbol{X}^{\mathrm{T}}\boldsymbol{X}$ 特征分解;
4:使用前个 K 个特征向量构造矩阵 $\boldsymbol{U}$;
5:输出降噪后数据:通过 $\boldsymbol{Y}=\boldsymbol{XU}$ 获取去噪后的数据 $\boldsymbol{Y}$。

图 3-3 为 CSI 数据预处理的实验结果。在实验过程中采集了多组数据包作为预处理的原始数据,如图 3-3(a)所示,从图中可以看出,原始数据含有许多毛刺,这些毛刺主要是由离群点造成的。图 3-3(b)为基于 Hampel 的离群点滤波的结果,从图中可以看出,经过 Hampel 滤波器后,已经看不到明显的毛刺了。图 3-3(c)基于前二主成分的 PCA 去噪,从图中可以看出,经过 PCA 去噪后的数据变得更为光滑。

3.3.3 多径抑制

通过对 CSI 作逆傅立叶变换能够获得时域上的信道冲击响应。在理想环境下,视距传输(Line of Sight,LOS)比非视距传输(Non-Line of Sight,NLOS)具有更短的传输距离和更高的能量,但在实际环境中,由于环境噪声、相位偏移和目标的能量吸收等因素的影响,即使是视距信号的能量也往往小于非视距信号[131]。根据奈奎斯特采样定理,带宽越宽时间域的分辨率就越高,由于带宽的限制,无法区分每个信号路径,只能够得到多个路径簇。因此,设置一个截断阈值,通过保留截断阈值内的路径能量,进而达到抑制由多径带来的幅度测量误差问题,截断阈值如下:

$$\mathrm{thr} = \frac{1}{2}\left(\sum |h|_k - \max(|h|_k) - \min(|h|_k)\right), k \in [1,30] \tag{3-8}$$

式中,$|h|_k$ 是第 k 个子载波的幅度。利用 FFT 就可以将处理后的时域信号重新变为频域信号。图 3-4 表示处理后的子载波幅度。图 3-5 是经过全部数据预处理后的子载波幅度,从图中可以看出,经过数据预处理后 CSI 的幅度值变得更加平滑,更加有利于幅度指纹的构造。

3.3.4 幅度指纹构造

在 OFDM 系统中,信号通过多路子载波进行发送,每个子载波都有对应的 CSI,每个 CSI 都是由幅度和相位组成,在不同位置处,各子载波的 CSI 幅度呈现出不同特性。而在 MIMO系统中,发射端和接收端都具备多个天线,形成多组通信链路,而从上一章的分析可以看出,不同通信链路中,子载波的 CSI 也不相同,这有助于进一步提高不同位置处 CSI 的

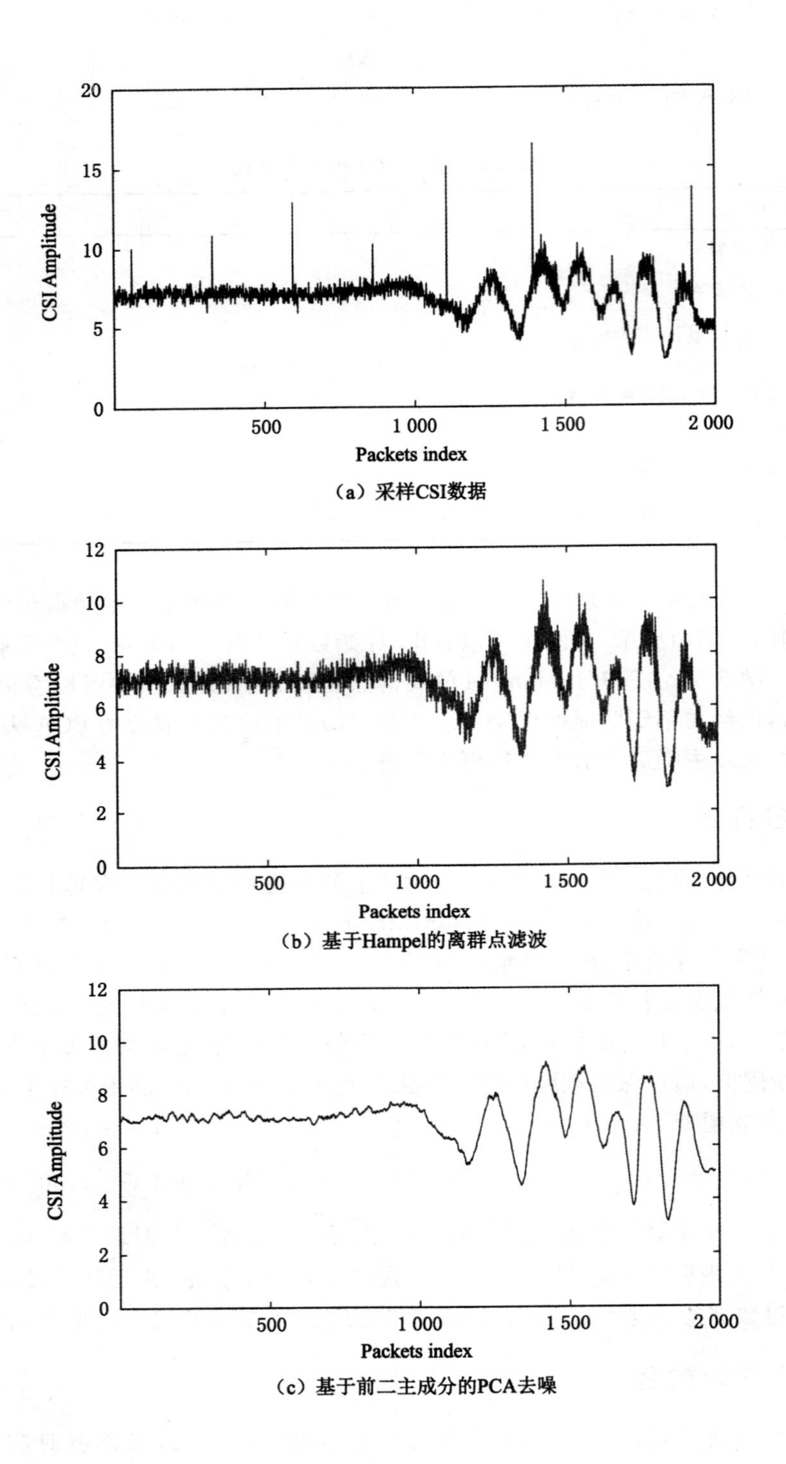

（a）采样CSI数据

（b）基于Hampel的离群点滤波

（c）基于前二主成分的PCA去噪

图 3-3　CSI 数据处理

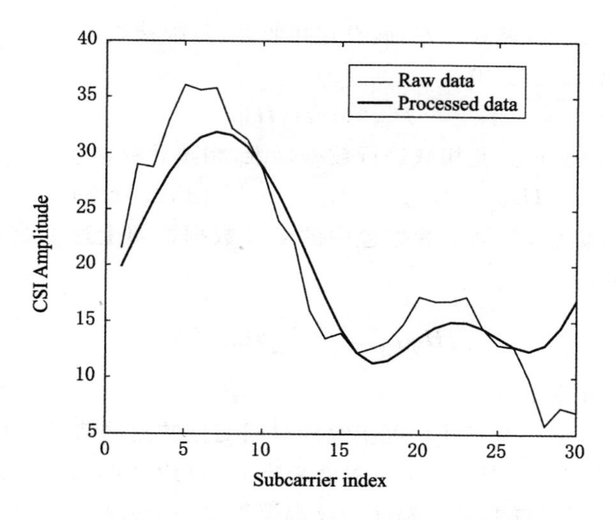

图 3-4 阈值处理后的子载波幅度

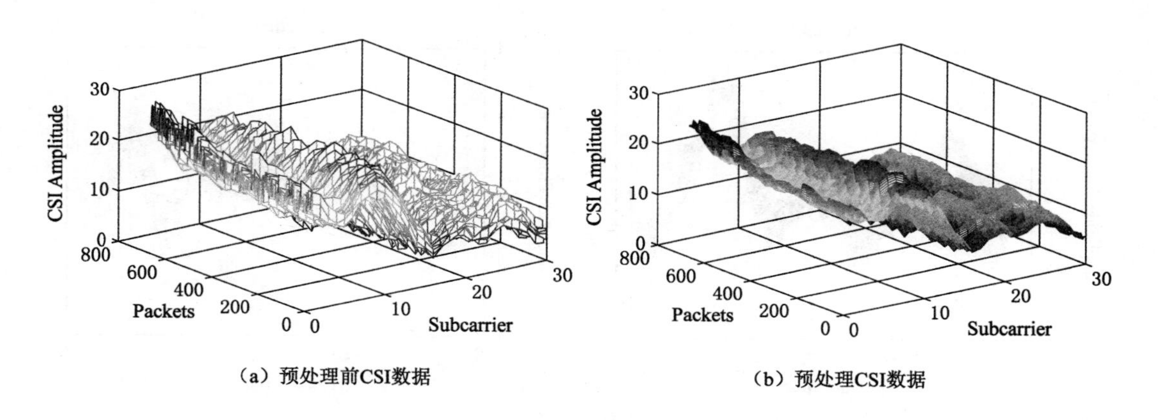

图 3-5 预处理前后的 CSI 数据

差异性。

(1) 为了利用多天线特性，首先，按照接收天线聚合每个子载波的 CSI：

$$\begin{aligned} \boldsymbol{H}_{\mathrm{CSI-1}} &= \sum_{m=1}^{p} \boldsymbol{h}_{mn} \quad n = 1 \\ \boldsymbol{H}_{\mathrm{CSI-2}} &= \sum_{m=1}^{p} \boldsymbol{h}_{mn} \quad n = 2 \\ \boldsymbol{H}_{\mathrm{CSI-3}} &= \sum_{m=1}^{p} \boldsymbol{h}_{mn} \quad n = 3 \end{aligned} \tag{3-9}$$

式中，p 为发射天线数，h_{mn} 为接收天线 n 所有子载波的 CSI，假设接收端共有 3 根天线，因此每个子载波都能够形成 3 个对应的数据。

(2) 求聚合 CSI 数据的幅度：

$$\boldsymbol{H}_{\mathrm{am-}i} = |\boldsymbol{H}_{\mathrm{CSI-}i}| \quad i = 1,2,3 \tag{3-10}$$

(3) 将 3 个幅度为一组求其方差，假设在接收端，每根接收天线收到的 30 个子载波，因此，求解方差后的数据维度为 30：

$$\boldsymbol{H}_{\mathrm{am}} = \mathrm{var}(\boldsymbol{H}_{\mathrm{am}-i}) \tag{3-11}$$

(4) 将相邻的方差通过彼此相减进行数据降维，相减后数据维度从 30 降至 29 维：

$$H_{AM_j} = H_{am_j} - H_{am_{j+1}} \quad j = 1,2,\cdots,29 \tag{3-12}$$

(5) 采集 N 个数据包，对每个数据包中的 CSI 数据按照上述方式进行处理，然后求出处理后数据的平均值：

$$\boldsymbol{H}_{\mathrm{AM-mean}} = \sum_{j=1}^{N} \boldsymbol{H}_{\mathrm{AM}_j} / N \tag{3-13}$$

向量 $\boldsymbol{H}_{\mathrm{AM-mean}}$ 就为 CSI 幅度指纹。

图 3-6 为 4 个不同位置处 CSI 幅度指纹随时间变化的测试结果。其中 4 个位置的间隔为 2 m，以 1 Hz 的采样率，分别在每个位置处采集 1 000 组样本用来生成 CSI 幅度指纹。从图中可以看出，4 个不同位置的 CSI 幅度指纹都聚集在一个带状范围内，没有出现较大跳跃的现象，说明设计的 CSI 幅度指纹具有良好的稳定性。

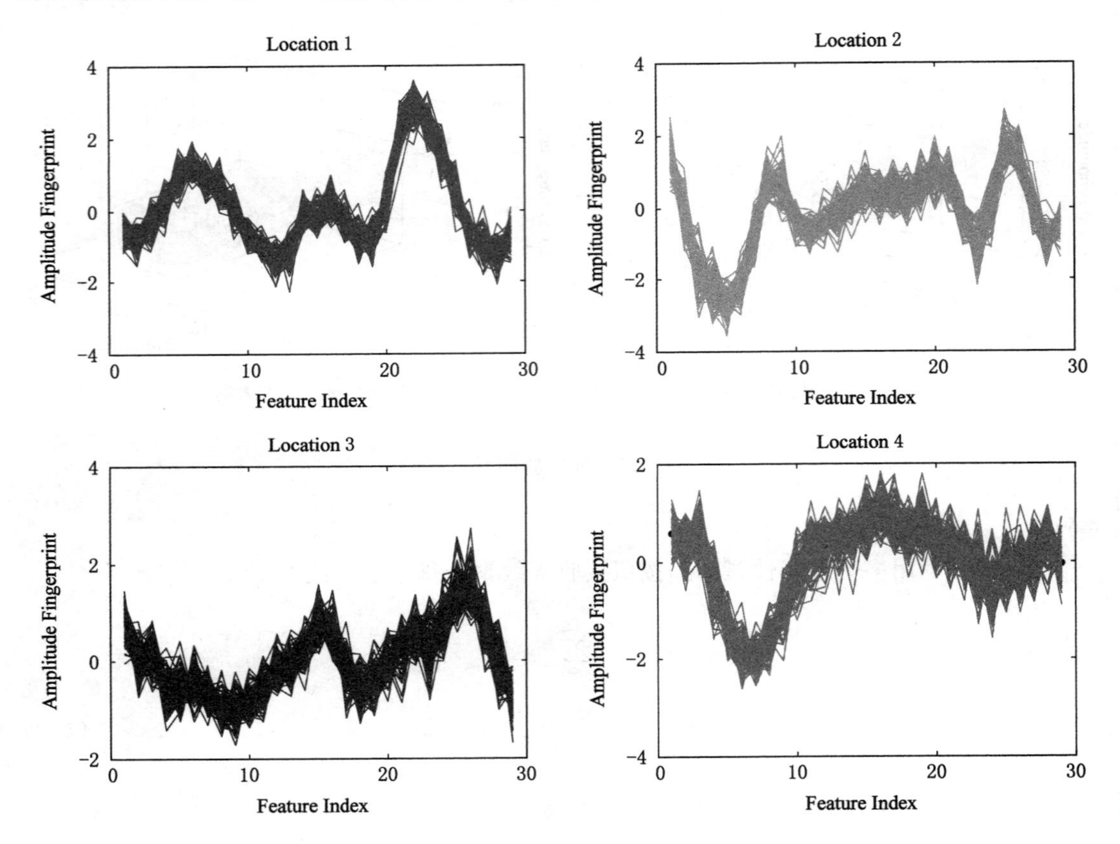

图 3-6　4 个不同位置处幅度指纹数据

图 3-7 则是对比了 4 个位置处幅度指纹的均值，从图中可以看出，本小节设计的 CSI 幅度指纹，即使在相近的位置，指纹也会有明显的差异，能够有利于区分不同位置。

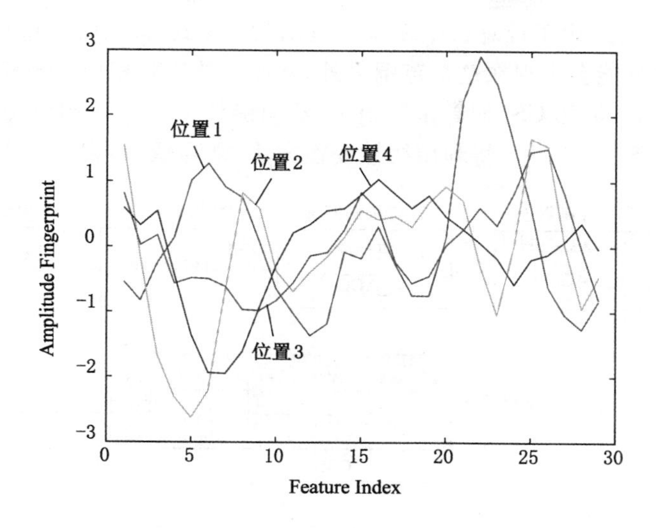

图 3-7　4 个不同位置处幅度指纹比较

3.4　基于 CSI 相位的指纹构造方法

3.4.1　CSI 的相位测量误差

图 3-8 描述了接收端对接收信号的处理过程。图中 $s[t]$表示模拟基带信号，首先将模拟信号转化成数字信号；然后再通过与预先设置的前导码进行比对，包边界检测器将符合要求的数据传输到载波频率偏移校正器中完成校准。最后将校准后的数据传到 OFDM 接收机中，利用接收机中的 FFT 模块即可以获取相应的信道状态信息[132]。从分析接收信号处理过程中，可以看出主要噪声来源如下：

(1) 功率控制误差：由于硬件精度不足，自动增益控制器很难做到精确补偿由于路径衰落造成的功率损失，从而导致测得 CSI 幅度在一定范围波动。一般采用多次测量取均值的方式来减少 CSI 幅度的波动，然而，尚无有效性与测量次数的具体量化关系模型。

(2) 采样频率偏差：由于时间同步精度的原因，接收机和发射机之间的时钟无法精确同步，从而造成对模拟信号进行数字采样时出现采样频率偏差，采样频率偏差会使得 CSI 相位出现一个偏移量。

(3) 包边界检测偏差：受制于硬件精度，包检测器无法做到数据包精准检测，每次进行包检测时都会带来一个时延，该时延会导致 CSI 相位测量值出现误差。

(4) 中心频率偏差：虽然有载波频率偏移矫正器来同步接收机和发射机的中心频率，然而受到芯片工艺的限制，接收机和发射机的中心频率仍然无法做到精确同步，因此，会对 CSI 相位引入相应的误差 β。

(5) 锁相环偏差：为了使接收机和发射机之间的载波同步，锁相环会额外产生一个相位。锁相环产生的相位会导致接收端的 CSI 出现对应的相位偏移。

(6) 相位模糊误差：由于计算机中相位的范围为 $-\pi$ 到 π，从而使得相位在 π 处会产生跃变。而实际相位可能会出现在这个范围之外，从而导致实际相位出现模糊误差。

从上述分析可知，虽然 CSI 误差来源很多，然而能够引起 CSI 相位变化的主要是(1)到(4)带来的偏差，在下一小节中，将利用线性变换方法，来降低(1)到(4)带来的相位偏差。

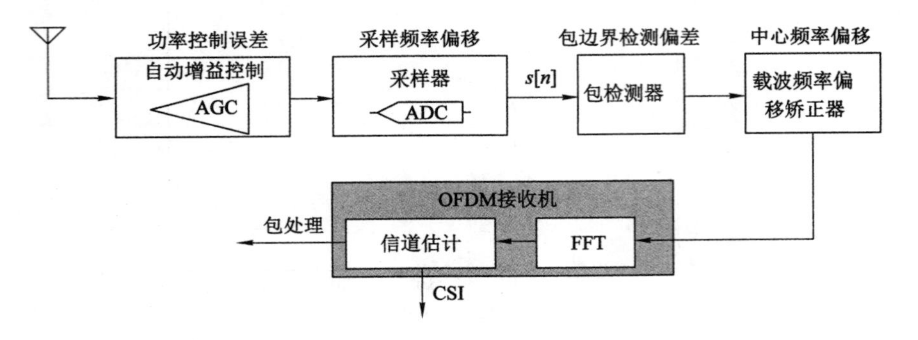

图 3-8 接收信号处理过程

3.4.2 基于线性变换的相位误差消除

在上文分析中可知，造成 CSI 相位误差来源很多，其中包边界检测偏差可以通过多次测量进行克服，锁相环相位偏差对 CSI 相位的影响可以忽略不计。而对 CSI 相位影响最大的为由于时钟不同步导致的采样频率偏差以及由于收发端中心频率不同步带来的中心频率偏差。所以，CSI 数据中相位可以表示成：

$$\hat{\varphi}_i = \varphi_i - 2\pi \frac{k_i}{N}\delta + \beta + Z \tag{3-14}$$

其中，φ_i 表示第 i 个子载波的真实相位；$2\pi\, k_i\delta/N$ 表示由于时间不同步带来的相位偏移；δ 表示接收机和发射机之间的时间差；β 为收发端中心频率不同步导致的相位偏移；Z 为高斯噪声；k_i 为子载波对应的索引号。不同带宽下的索引号不同，具体索引号可见表 2-1；N 表示快速傅立叶变换的尺度。由公式(3-14)可以看出，由于 δ 和 β 的影响多导致很难得到真实相位，因此，使用一种线性变换的方法来消除 δ 和 β 对 CSI 相位的影响。假定线性变换方程的斜率和截距分别为 a 和 b，线性变换如下：

$$a = \frac{\hat{\varphi}_n - \hat{\varphi}_1}{k_n - k_1} = \frac{\varphi_n - \varphi_1}{k_n - k_1} - \frac{2\pi}{N}\delta \tag{3-15}$$

$$b = \frac{1}{n}\sum_{j=1}^{n} \hat{\varphi}_j = \frac{1}{n}\sum_{j=1}^{n} \varphi_j - \frac{2\pi\delta}{nN}\sum_{j=1}^{n} k_j + \beta \tag{3-16}$$

从表 2-1 可知，子载波的索引号是对称的，因此可得 $\sum_{j=1}^{n} k_j = 0$。进一步得到 $b = \frac{1}{n}\sum_{j=1}^{n} \varphi_j + \beta$。当多次测量时，可以认为噪声 $Z = 0$，因此可以得到：

$$\tilde{\varphi}_i = \hat{\varphi}_i - a\,k_i - b = \varphi_i - \frac{\varphi_n - \varphi_1}{k_n - k_1} k_i - \frac{1}{n}\sum_{j=1}^{n} \varphi_j \tag{3-17}$$

从(3-17)中可以看出，经过线性变化后的相位是真实相位的组合。

图 3-9(a)为 30 个子载波的原始相位，由于计算机是通过反正切函数来表示相位信息，

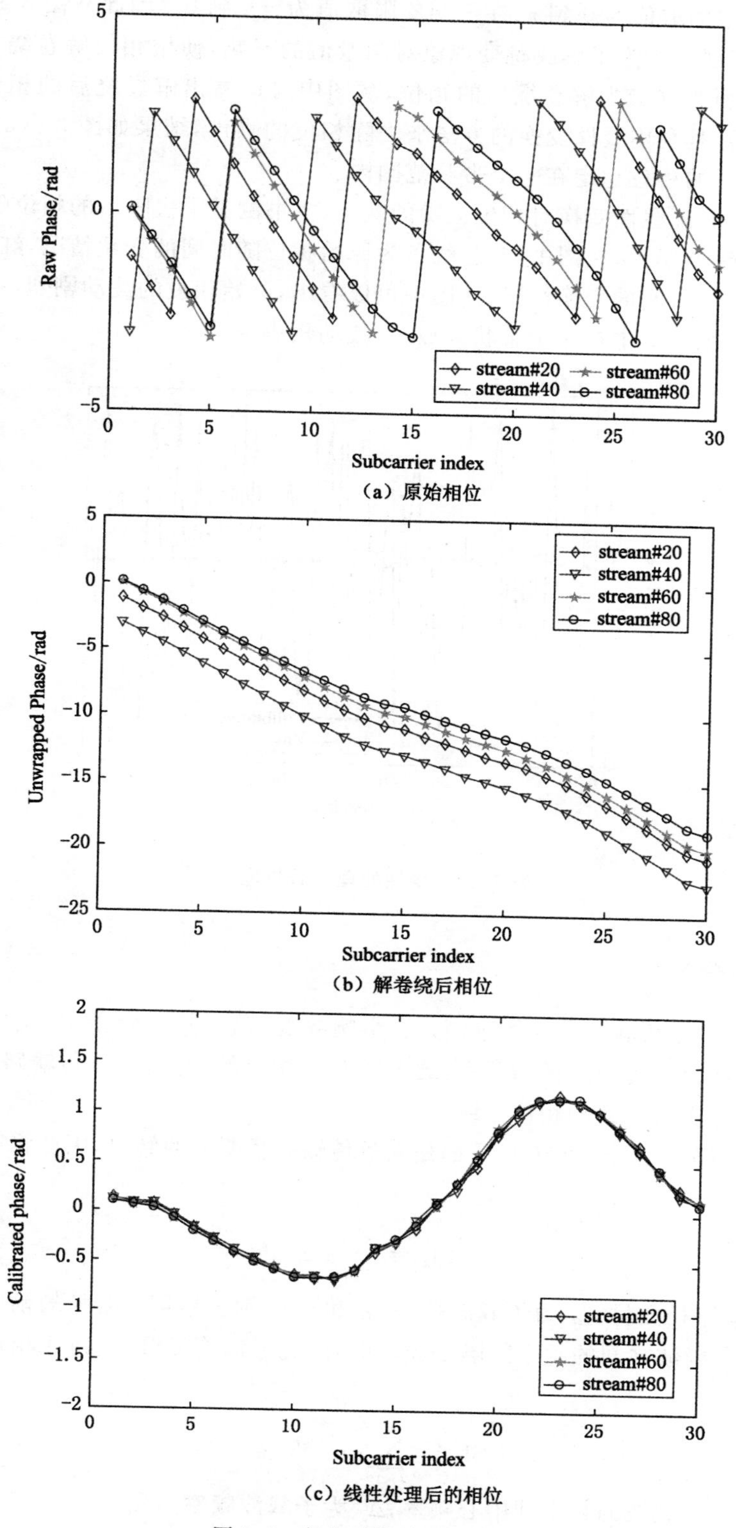

（a）原始相位

（b）解卷绕后相位

（c）线性处理后的相位

图 3-9 相位线性处理过程

相位在一、二象限的取值为 0 到 π，在三四象限取值为 $-\pi$ 到 0。因此从图 3-9(a)中可以看到相位存在跳变现象。为了解决跳变现象对测量值的影响，使用相位解卷绕方法对跳变的相位进行处理，图 3-9(b)为解卷绕后的相位，从图中可以看出解卷绕后的相位已经不存在跳变现象。最后，是利用线性变换的方法来去除相位的噪声，结果如图 3-9(c)所示，从图中可以看出，去噪后的相位稳定在一个带状范围内。

为了进一步验证线性变换对相位去噪的效果，本书测试了去噪后的相位随时间的变化，测试结果如图 3-10 所示，在图中，蓝色线条为原始相位随时间的变化情况，红色线条表示线性变换后的相位随时间的变换情况，从图中可以看出，原始相位的波动剧烈，且毫无规律性，而线性变换后的相位集中在一个带状区域内，波动较小。

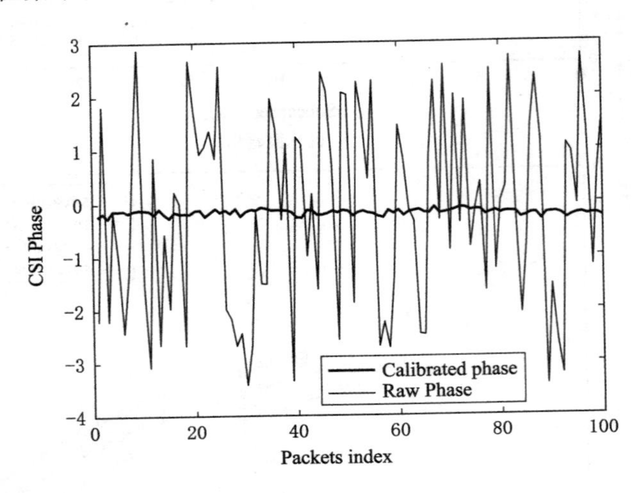

图 3-10　线性处理前后相位对比

3.4.3　路径分解

在第 2 章中，分析验证了人体遮挡只会影响幅度信息，并不会影响传输路径，因此在本小节研究 CSI 相位和传输路径的关系，通过对 CSI 相位的分解，获取传输路径信息，并将这个传输路径信息作为 CSI 的相位指纹。

根据上一章分析可知，每个 CSI 都是多条传输路径叠加的结果，因此将第 k 个子载波的 CSI 可以写成：

$$\mathrm{CSI}_k = \sum_{l=1}^{L} \alpha_l \mathrm{e}^{-\mathrm{j}2\pi f_k \tau_l} \tag{3-18}$$

其中，L 为传输路径数目；f_k 为子载波频谱；α_l 和 τ_l 分别表示第 l 路径的幅度和时延。根据 802.11 协议，子载波之间的频率间隔是固定的，因此可以将 CSI_k 改写成相对于 0 号子载波的偏移：

$$\mathrm{CSI}_k = \sum_{l=1}^{L} \alpha_l \mathrm{e}^{-\mathrm{j}2\pi f_0 \tau_l} \mathrm{e}^{-\mathrm{j}k\Delta_f \tau_l} \tag{3-19}$$

式中，f_0 为 0 号子载波的频率即中心频率；Δ_f 为子载波频率间隔。

根据公式(3-19)，可知 CSI_k 是所有传输路径相位与 0 号子载波的线性组合，为了便于描述，将 CSI_k 简写为：

$$CSI_k = \sum_{l=1}^{L} S_0^l \Delta_k^l \tag{3-20}$$

其中，CSI_0 为 0 号子载波，对于第 l 条路径：

$$\begin{aligned} S_0^l &= \alpha_l e^{-j2\pi f_0 \tau_l} \\ \Delta_k^l &= e^{-jk\Delta_f \tau_l} \end{aligned} \tag{3-21}$$

假定传输路径有 5 条，因此可以利用 CSI 构造汉克尔矩阵：

$$\boldsymbol{X} = \begin{bmatrix} CSI_{-58} & CSI_{-54} & CSI_{-50} & CSI_{-46} & CSI_{-42} \\ CSI_{-54} & CSI_{-50} & CSI_{-46} & CSI_{-42} & CSI_{-38} \\ CSI_{-50} & CSI_{-46} & CSI_{-42} & CSI_{-38} & CSI_{-34} \\ CSI_{-46} & CSI_{-42} & CSI_{-38} & CSI_{-34} & CSI_{-30} \\ CSI_{-42} & CSI_{-38} & CSI_{-34} & CSI_{-30} & CSI_{-26} \end{bmatrix} \tag{3-22}$$

根据公式(3-20)和(3-21) 矩阵 $\boldsymbol{X}$ 可以写成：

$$\boldsymbol{X} = \boldsymbol{\Delta} \boldsymbol{S} \boldsymbol{\Delta}^{\mathrm{T}} \tag{3-23}$$

其中

$$\boldsymbol{\Delta} = \begin{bmatrix} \Delta_{-29}^1 & \Delta_{-29}^2 & \Delta_{-29}^3 & \Delta_{-29}^4 & \Delta_{-29}^5 \\ \Delta_{-25}^1 & \Delta_{-25}^2 & \Delta_{-25}^3 & \Delta_{-25}^4 & \Delta_{-25}^5 \\ \Delta_{-21}^1 & \Delta_{-21}^2 & \Delta_{-21}^3 & \Delta_{-21}^4 & \Delta_{-21}^5 \\ \Delta_{-17}^1 & \Delta_{-17}^2 & \Delta_{-17}^3 & \Delta_{-17}^4 & \Delta_{-17}^5 \\ \Delta_{-13}^1 & \Delta_{-13}^2 & \Delta_{-13}^3 & \Delta_{-13}^4 & \Delta_{-13}^5 \end{bmatrix} \tag{3-24}$$

$$\boldsymbol{S} = \mathrm{diag}(S_0^1, S_0^2, S_0^3, S_0^4, S_0^5) \tag{3-25}$$

从公式(3-21)可知，如果能够找到 $\boldsymbol{\Delta}$ 和 $\boldsymbol{S}$，那么就可以得到每条路径的相位信息。根据矩阵性质，可以进一步分解矩阵 $\boldsymbol{\Delta} = \boldsymbol{V}\boldsymbol{S}'$。

其中

$$\boldsymbol{V} = \begin{bmatrix} 1 & 1 & 1 & 1 & 1 \\ \Delta_4^1 & \Delta_4^2 & \Delta_4^3 & \Delta_4^4 & \Delta_4^5 \\ \Delta_8^1 & \Delta_8^2 & \Delta_8^3 & \Delta_8^4 & \Delta_8^5 \\ \Delta_{12}^1 & \Delta_{12}^2 & \Delta_{12}^3 & \Delta_{12}^4 & \Delta_{12}^5 \\ \Delta_{16}^1 & \Delta_{16}^2 & \Delta_{16}^3 & \Delta_{16}^4 & \Delta_{16}^5 \end{bmatrix} \tag{3-26}$$

$$\boldsymbol{S}' = \mathrm{diag}(S_{-29}^1, S_{-29}^2, S_{-29}^3, S_{-29}^4, S_{-29}^5) \tag{3-27}$$

由于 $\boldsymbol{S}' = (\boldsymbol{S}')^{\mathrm{T}}$ 可得 $\boldsymbol{X} = (\boldsymbol{V}\boldsymbol{S}')\boldsymbol{S}(\boldsymbol{V}\boldsymbol{S}')^{\mathrm{T}}$ 因此，可将 $\boldsymbol{X}$ 表示成：

$$\boldsymbol{X} = \boldsymbol{V} \sum \boldsymbol{V}^{\mathrm{T}} \tag{3-28}$$

通过公式 (3-21)可将矩阵 $\boldsymbol{V}$ 变为：

$$\boldsymbol{V} = \begin{bmatrix} 1 & 1 & 1 & 1 & 1 \\ \Delta_4^1 & \Delta_4^2 & \Delta_4^3 & \Delta_4^4 & \Delta_4^5 \\ \Delta_8^1 & \Delta_8^2 & \Delta_8^3 & \Delta_8^4 & \Delta_8^5 \\ \Delta_{12}^1 & \Delta_{12}^2 & \Delta_{12}^3 & \Delta_{12}^4 & \Delta_{12}^5 \\ \Delta_{16}^1 & \Delta_{16}^2 & \Delta_{16}^3 & \Delta_{16}^4 & \Delta_{16}^5 \end{bmatrix} = \begin{bmatrix} 1 & 1 & 1 & 1 & 1 \\ (\Delta_4^1)^1 & (\Delta_4^2)^1 & (\Delta_4^3)^1 & (\Delta_4^4)^1 & (\Delta_4^5)^1 \\ (\Delta_4^1)^2 & (\Delta_4^2)^2 & (\Delta_4^3)^2 & (\Delta_4^4)^2 & (\Delta_4^5)^2 \\ (\Delta_4^1)^3 & (\Delta_4^2)^3 & (\Delta_4^3)^3 & (\Delta_4^4)^3 & (\Delta_4^5)^3 \\ (\Delta_4^1)^4 & (\Delta_4^2)^4 & (\Delta_4^3)^4 & (\Delta_4^4)^4 & (\Delta_4^5)^4 \end{bmatrix} \tag{3-29}$$

从(3-27)可以看出 $\boldsymbol{V}$ 是一个范德蒙德矩阵，因此，只要对矩阵 $\boldsymbol{X}$ 进行范德蒙德分解就可以得到路径的相位信息。由于矩阵 $\boldsymbol{X}$ 中所有元素都是为复数，因此利用文献[133]中的分解方法对矩阵 $\boldsymbol{X}$ 进行分解。分解方法如表 3-2 所示。

表 3-2　路径分解算法

Path decomposition algorithm

Input：$\{CSI_i\}$

Output：$[(\Delta_4^1)^1 \quad (\Delta_4^2)^1 \quad (\Delta_4^3)^1 \quad (\Delta_4^4)^1 \quad (\Delta_4^5)^1]$

假设有 5 条传输路径

1：构建汉克尔矩阵

$$\boldsymbol{X}=\begin{bmatrix} CSI_{-58} & CSI_{-54} & CSI_{-50} & CSI_{-46} & CSI_{-42} \\ CSI_{-54} & CSI_{-50} & CSI_{-46} & CSI_{-42} & CSI_{-38} \\ CSI_{-50} & CSI_{-46} & CSI_{-42} & CSI_{-38} & CSI_{-34} \\ CSI_{-46} & CSI_{-42} & CSI_{-38} & CSI_{-34} & CSI_{-30} \\ CSI_{-42} & CSI_{-38} & CSI_{-34} & CSI_{-30} & CSI_{-26} \end{bmatrix}$$

2：构造向量 $\boldsymbol{b}$

$$\boldsymbol{b}=[CSI_{-38} \quad CSI_{-34} \quad CSI_{-30} \quad CSI_{-26} \quad CSI_{-22}]^T$$

3：解下列方程求出向量 $\boldsymbol{A}$

$$\boldsymbol{XA}=\boldsymbol{b}$$

其中 $\boldsymbol{A}=[a_0 \quad a_1 \quad a_2 \quad a_3 \quad a_4]^T$

4：构造多项式函数 $f(x)$

$$f(x)=x_m-a_{L-1}x_{m-1}-\cdots-a_0x^0$$

其中 x_m 为矩阵 $\boldsymbol{X}$ 第一列

求解 $f(x)=0$ 的根 $\{x_0 \quad x_1 \quad \cdots \quad x_{m-1}\}$

$\{x_0 \quad x_1 \quad \cdots \quad x_{m-1}\}$ 就为 $[(\Delta_4^1)^1 \quad (\Delta_4^2)^1 \quad (\Delta_4^3)^1 \quad (\Delta_4^4)^1 \quad (\Delta_4^5)^1]$

通过路径分解算法可以获得每条路径的相位信息，可以利用获得的路径相位信息来生成位置指纹。

图 3-11 为 4 个不同位置处相位指纹随时间变化的测试结果。和幅度指纹的测试场景相同，4 个位置的间隔为 2 m，采样率为 1 Hz，每个位置处采集 1 000 组样本，在构造相位指纹中，假设传输路径为 5 条，由于接收端的天数为 2，发射端的天线数为 3，因此构造的相位指纹维度为 30。从图中可以看出，和幅度指纹相似，在 4 个不同位置的相位指纹也聚集在一个带状范围内，没有出现较大跳跃的现象，说明设计的相位指纹具有良好的稳定性。

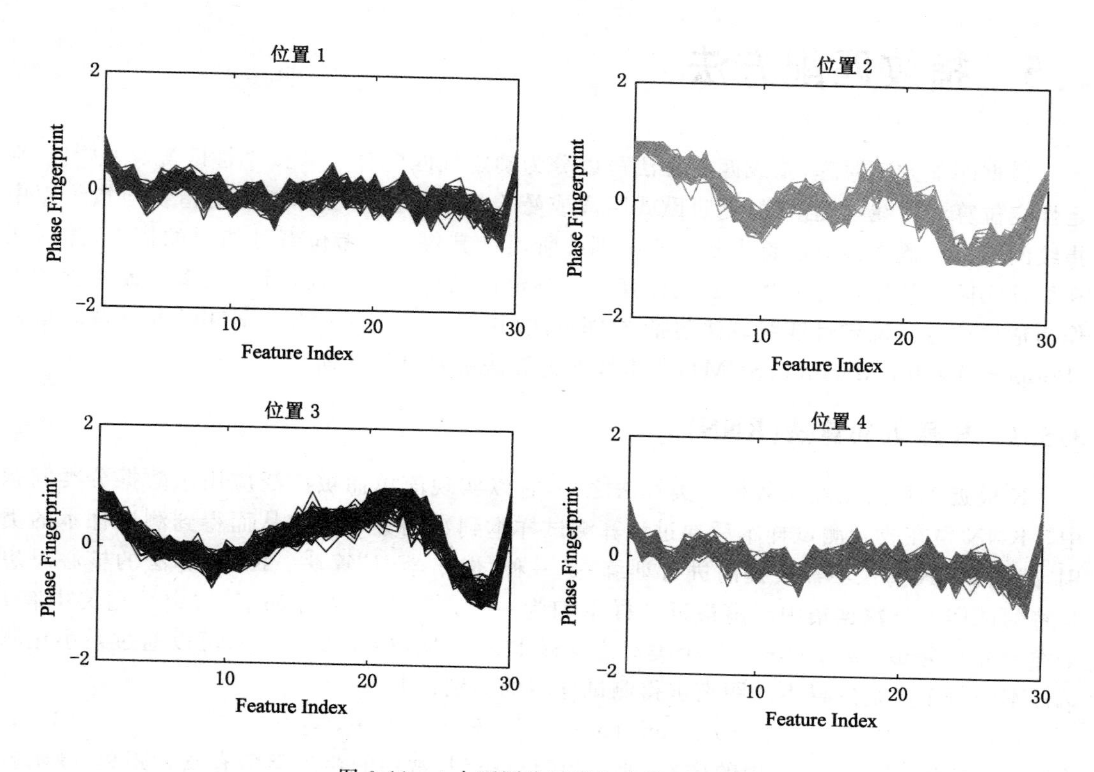

图 3-11 4 个不同位置处相位指纹数据

图 3-12 则是对比了 4 个位置处相位指纹的均值，从图中可以看出，本小节设计的相位指纹，即使在相近的位置处，指纹也会有明显的差异，能够有利于区分不同位置。

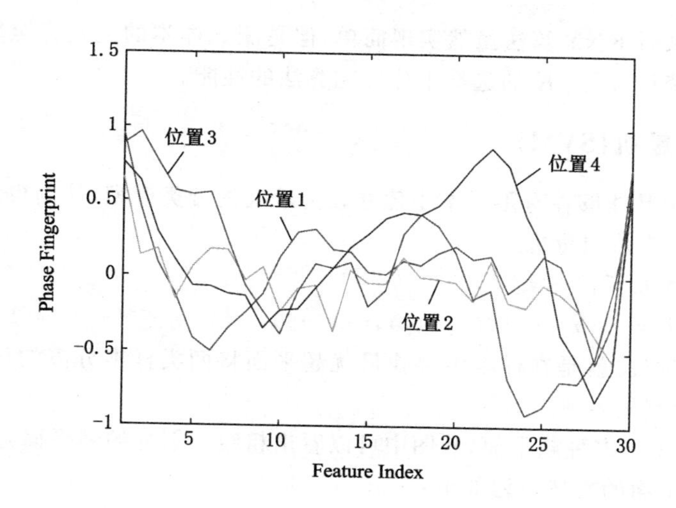

图 3-12 4 个不同位置处相位指纹比较

3.5 指纹匹配方法

根据匹配方法原理,指纹匹配算法可以分为确定性匹配算法和概率性匹配算法[42]。确定性定位算法在线预测阶段,通过欧式距离或曼哈顿距离度量被测位置的指纹与指纹库中指纹的距离。概率性方法首先是在离线训练阶段计算每个参考位置处指纹的概率,然后在在线预测阶段利用贝叶斯概率公式计算估计待定位的后验概率,将后验概率最大的参考点作为估计位置。确定性匹配算法包括 K 邻近法(K-Nearest Neighbor,KNN)和支持向量机(Support Vector Machine,SVM),概率性匹配算法主要有贝叶斯法[134-136]。

3.5.1 K 最近邻算法(KNN)

K 最近邻算法是经典数据分类算法之一,它以实现简单而被广泛应用于数据分类问题中。KNN 是在收到测试样本后通过计算测试样本到数据集中距离从而得到测试样本的类别,因此 KNN 算法不需要提前进行训练,是一种"懒惰学习"算法。KNN 算法的核心思想是将测试样本与数据集中距离最近的样本归为一类。其算法流程如下,假定数据集中有 c 个类中分别为 $w_1, w_1, \cdots, w_c$,每个类对应的样本数为 $N_i (i=1,2,\cdots,c)$,可以通过最小化测试样本到每个类别的样本的距离求得测试样本的类别:

$$g_i(x) = \min \| x - x_i^k \| \quad k = 1,2,\cdots,N_1 \tag{3-30}$$

式中,x_i^k 表示已知类别 w_i 中的样本;$\| \ \|$ 为距离类型,常用的距离类型有欧式距离、曼哈顿距离以及闵可夫斯基距离。

当求出测试样本到所有类别样的距离后,按照升序的方式对所有聚类进行排序,选择聚类最近的前 K 个样本,对这前 K 个样本的类别号进行统计,出现最多的类别号就为测试样本的类别号。

从计算过程来看 KNN 算法虽然实现简单,但是测试样本的类别完全取决于对前 K 个样本的类别号的统计,因此 K 的选择十分影响算法的性能。

3.5.2 支持向量机(SVM)

支持向量机因其能够在有限样本中建立较为准确的分类模型,从而得到广泛使用。

(1) 线性可分支持向量机

假设两类样本如下:

$$T = \{(x_1, y_1), (x_2, y_2), \cdots, (x_m, y_m)\}, y_i \in \{-1, +1\} \tag{3-31}$$

样本的训练过程,就是在样本中寻找最优超平面将两类样本分离的过程,如图 3-13 所示,超平面的划分有很多种。

图 3-13 中给出了多种超平面,从图中可以看出粗线条划分的超平面是分离这两类数据的最佳选择。超平面的描述方程如下:

$$\boldsymbol{\omega}^{\mathrm{T}} \boldsymbol{x} + b = 0 \tag{3-32}$$

其中,$\boldsymbol{\omega}$ 为法向量;b 为截距。根据点到平面的公式,可以得出任意样本点到超平面的距离为:

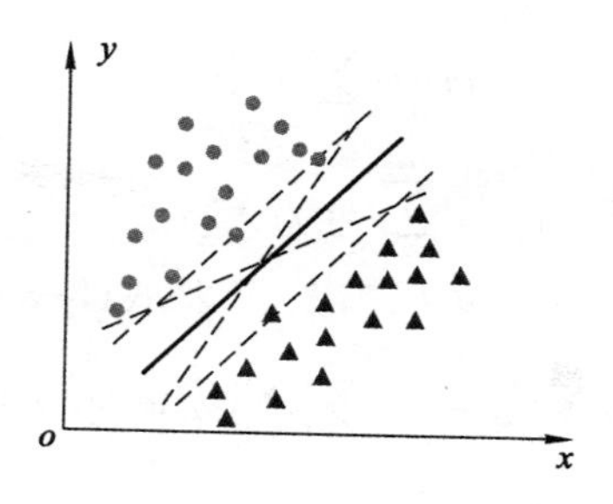

图 3-13　多种超平面划分

$$d = \frac{|\boldsymbol{\omega}^{\mathrm{T}} \boldsymbol{x} + b|}{\|\boldsymbol{\omega}\|} \tag{3-33}$$

当数据被超平面正确区分时，则：

$$\begin{cases} \boldsymbol{\omega}^{\mathrm{T}} \boldsymbol{x}_i + b \geqslant +1, & y_i = +1 \\ \boldsymbol{\omega}^{\mathrm{T}} \boldsymbol{x}_i + b \leqslant -1, & y_i = -1 \end{cases} \tag{3-34}$$

在公式(3-34)中使等号成立的点被称为“支持向量”。如图 3-14 所示，图中被圆圈选中的点即为“支持向量”，从距离来看，这些“支持向量”就是到超平面距离最近的点。因此定义“间隔”为：

$$r = \frac{2}{\|\boldsymbol{\omega}\|} \tag{3-35}$$

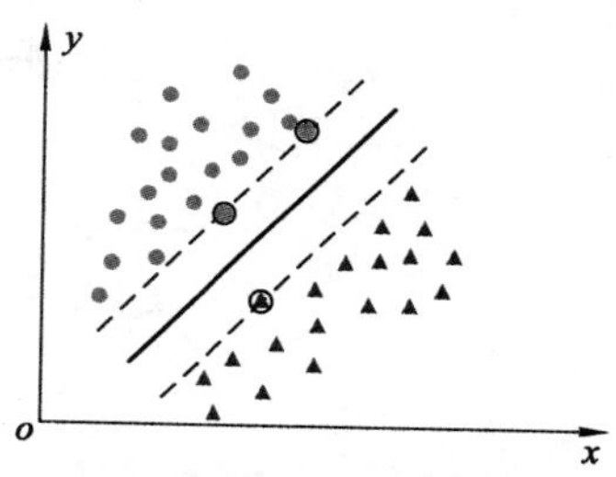

图 3-14　最优超平面分类

因此通过优化公式(3-36)来获取最优超平面：

$$\max_{\omega,b} \frac{2}{\|\boldsymbol{\omega}\|}$$
$$\text{s. t. } y_i(\boldsymbol{\omega}^{\mathrm{T}} \boldsymbol{x}_i + b) \geqslant +1, i = 1,2,\cdots,m \tag{3-36}$$

而优化公式(3-36)等价于优化公式(3-37)：

$$\min_{\omega,b} \frac{1}{2} \|\boldsymbol{\omega}\|^2 \text{s. t. } y_i(\boldsymbol{\omega}^{\mathrm{T}} \boldsymbol{x}_i + b) \geqslant +1, i = 1,2,\cdots,m \tag{3-37}$$

从式(3-37)可以看出，该优化问题是条件优化问题，因此通过拉格朗日函数将条件优化问题转化成无条件优化问题：

$$L(\boldsymbol{\omega},b,\alpha) = \frac{1}{2} \|\boldsymbol{\omega}\|^2 + \sum_{i=1}^{m} \alpha_i (1 - y_i(\boldsymbol{\omega}^{\mathrm{T}} \boldsymbol{x}_i + b)) \tag{3-38}$$

求 $L(\boldsymbol{\omega},b,\alpha)$ 对 $\boldsymbol{\omega}$ 和 α 的偏导，并令导数为 0：

$$\boldsymbol{\omega} = \sum_{i=1}^{m} \alpha_i y_i y_i \tag{3-39}$$

$$\sum_{i=1}^{m} \alpha_i y_i = 0$$

将式(3-39)代入式(3-28),可化简 $\boldsymbol{\omega}$ 和 b,因此,可将式(3-36)转化成:

$$\max_{\alpha} \sum_{i=1}^{m} \alpha_i - \frac{1}{2}\sum_{i=1}^{m}\sum_{j=1}^{m} \alpha_i \alpha_j y_i y_j \boldsymbol{x}_i^{\mathrm{T}} \boldsymbol{x}_j$$

$$\text{s. t.} \sum_{i=1}^{m} \alpha_i y_i = 0$$

$$\alpha_i > 0, i = 1,2,\cdots,m \tag{3-40}$$

通过利用 SMO 算法求 α 后,可得超平面为:

$$f(x) = \boldsymbol{\omega}^{\mathrm{T}} \boldsymbol{x} + b = \sum_{i=1}^{m} \alpha_i y_i \boldsymbol{x}_i^{\mathrm{T}} \boldsymbol{x}_i + b \tag{3-41}$$

(2) 线性不可分支持向量机

在上文中假定数据线性可分的,但在实际中的数据往往并不是线性可分的。针对非线性可分的情形,一般是将低维数据映射到高维空间中,使得原来不可分的数据变成可分数据。如图 3-15 所示,原始数据在二维空间不可分,当被映射到三维空间后,数据变为可分。

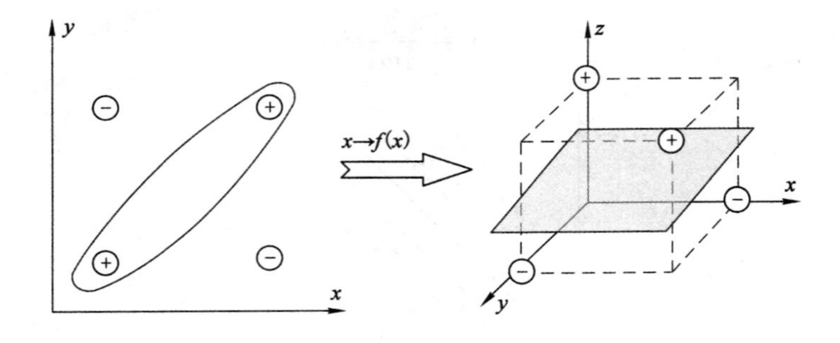

图 3-15 高维数据映射

使用 $\varphi(x)$表示映射函数,因此超平面方程为:

$$f(x) = \boldsymbol{\omega}^{\mathrm{T}} \varphi(\boldsymbol{x}) + b \tag{3-42}$$

利用上文的推导可得:

$$\min_{\omega, b} \frac{1}{2} \|\boldsymbol{\omega}\|^2$$

$$\text{s. t. } y_i(\boldsymbol{\omega}^{\mathrm{T}} \varphi(\boldsymbol{x}) + b) \geqslant +1, i = 1,2,\cdots,m \tag{3-43}$$

进一步转换可得:

$$\max_{\alpha} \sum_{i=1}^{m} \alpha_i - \frac{1}{2}\sum_{i=1}^{m}\sum_{j=1}^{m} \alpha_i \alpha_j y_i y_j \varphi(\boldsymbol{x}_i)^{\mathrm{T}} \varphi(\boldsymbol{x}_j)$$

$$\text{s. t.} \sum_{i=1}^{m} \alpha_i y_i = 0$$

$$\alpha_i > 0, i = 1,2,\cdots,m \tag{3-44}$$

将映射函数写成内积的形式:

$$\kappa(\boldsymbol{x}_i,\boldsymbol{x}_j)=<\varphi(\boldsymbol{x}_i),\varphi(\boldsymbol{x}_j)>=\varphi(\boldsymbol{x}_i)^{\mathrm{T}}\varphi(\boldsymbol{x}_j) \tag{3-45}$$

将(3-45)代入式(3-44)可得：

$$\max_{\alpha}\sum_{i=1}^{m}\alpha_i-\frac{1}{2}\sum_{i=1}^{m}\sum_{j=1}^{m}\alpha_i\alpha_j y_i y_j\kappa(\boldsymbol{x}_i,\boldsymbol{x}_j)$$

$$\mathrm{s.t.}\sum_{i=1}^{m}\alpha_i y_i=0 \tag{3-46}$$

$$\alpha_i>0,i=1,2,\cdots,m \tag{3-47}$$

新的超平面方程为：

$$f(\boldsymbol{x})=\sum_{i=1}^{m}\alpha_i y_i\varphi(\boldsymbol{x}_i)^{\mathrm{T}}\varphi(\boldsymbol{x})+b=\sum_{i=1}^{m}\alpha_i y_i\kappa(\boldsymbol{x},\boldsymbol{x}_i)+\boldsymbol{b} \tag{3-48}$$

其中，$\kappa(\boldsymbol{x},\boldsymbol{x}_i)$为“核函数”。核函数种类繁多，常用的如下：

（1）线性核

$$K(\boldsymbol{x}_i,\boldsymbol{x}_j)=\boldsymbol{x}_i^{\mathrm{T}}\boldsymbol{x}_j \tag{3-49}$$

（2）多项式核

$$K(\boldsymbol{x}_i,\boldsymbol{x}_j)=(\boldsymbol{x}_i^{\mathrm{T}}\boldsymbol{x}_j+1)^p \tag{3-50}$$

（3）高斯核

$$K(\boldsymbol{x}_i,\boldsymbol{x}_j)=\exp\left(-\frac{\|\boldsymbol{x}_i-\boldsymbol{x}_j\|^2}{2\sigma^2}\right) \tag{3-51}$$

（4）拉普拉斯核

$$K(\boldsymbol{x}_i,\boldsymbol{x}_j)=\exp\left(-\frac{|\boldsymbol{x}_i-\boldsymbol{x}_j|}{\sigma}\right) \tag{3-52}$$

（5）Sigmoid 核

$$K(\boldsymbol{x}_i,\boldsymbol{x}_j)=\tan h(\beta\boldsymbol{x}_i^{\mathrm{T}}\boldsymbol{x}_j+\theta) \tag{3-53}$$

3.5.3 贝叶斯方法(Bayes)

贝叶斯方法主要是基于贝叶斯定理，利用概率统计知识对数据进行分类，具体的模型训练过程如下：

首先假定 X 为输入数据集中的随机变量，Y 为输出类别中的随机变量，所有的类别号集合为 $E=\{c1,c2,\cdots,c_k\}$。$P(X,Y)$是 X 和 Y 的联合概率分布，训练数据集为：

$$T=\{(x_1,y_1),(x_2,y_2),\cdots,(x_n,y_n)\} \tag{3-54}$$

由 $P(X,Y)$独立同分布产生。

朴素贝叶斯法通过训练数据集学习联合概率分布 $P(X,Y)$。先学习先验分布概率：

$$P(Y=c_k),k=1,2,\cdots,k \tag{3-55}$$

再学习条件概率分布：

$$P(X=x\mid Y=c_k)=P(X^{(1)}x^{(1)},\cdots,X^{(n)}x^{(n)}\mid Y=c_k),k=1,2,K \tag{3-56}$$

由于在条件概率分布 $P(X=x|Y=c_k)$中的参数量十分巨大，所以进行全部估计在实际中是做不到了。如果 $x^{(j)}$ 可取 s_j 个值，$j=1,2,\cdots,n$，Y 可取 K 个值，则参数个数为：$K\prod_{j=1}^{n}S_j$。

朴素贝叶斯条件概率分布做出了条件独立性假设：

$$P(X=x\mid Y=c_k)=P(X^{(1)}=x^{(1)},\cdots,X^{(n)}=x^{(n)}\mid Y=c_k)$$

$$= \prod_{j=1}^{n} P(X^{(j)} = x^{(j)} \mid Y = c_k) \tag{3-57}$$

朴素贝叶斯属于生成模型的一种。首先，利用学习到的模型计算测试样本 x 后验概率 $P(X=x|Y=c_k)$：

$$P(Y = c_k \mid X = x) = \frac{P(X = x \mid Y = c_k)P(Y = c_k)}{\sum_k P(X = x \mid Y = c_k)P(Y = c_k)} \tag{3-58}$$

将式(3-61)代入式(3-62)：

$$P(Y = c_k \mid X = x) = \frac{P(Y = c_k)\prod_j P(X^{(j)} = x^{(j)} \mid Y = c_k)}{\sum_k P(Y = c_k)\prod_j P(X^{(j)} = x^{(j)} \mid Y = c_k)}, k = 1,2,\cdots,K \tag{3-59}$$

于是，朴素贝叶斯分类器可表示为：

$$y = f(x) = \arg\max_{c_k} \frac{P(Y = c_k)\prod_j P(X^{(j)} = x^{(j)} \mid Y = c_k)}{\sum_k P(Y = c_k)\prod_j P(X^{(j)} = x^{(j)} \mid Y = c_k)} \tag{3-60}$$

而且，公式(3-64)分母对所有 c_k 都是相同的，于是：

$$y = f(x) = \arg\max_{c_k} P(Y = c_k)\prod_j P(X^{(j)} = x^{(j)} \mid Y = c_k) \tag{3-61}$$

3.6 实验分析

3.6.1 测试平台

1. 实验硬件平台

实验硬件平台主要包含 CSI 数据发射端和 CSI 数据采集端。在数据发射端选取支持 802.11 n 协议的无线 AP，无线 AP 有三根天线，支持在 2.4 GHz 和 5 GHz 两种中心频率下工作。数据采集端为装有网卡的计算机，计算机运行的系统为 Ubuntu 15.02，发射端和采集端的设备如图 3-16 所示。

图 3-16 CSI 数据发送和采集设备

2. 实验软件平台

在采集端使用 CSItool 工具来采集 CSI 数据。在数据采集过程中，首先要建立好发射端和采集端的连接，然后通过 PING 命令向发射端发送数据，最后通过 log_to_file 程序采集发送端的数据包。每个数据包中包含的内容详情如表 3-3 所示。

表 3-3 CSI 数据包内容

参数	参考值	含义
Nrx	3	接收天线数
Ntx	1	发射天线数
rssi_1	−19	天线 1 的 RSSI
rssi_2	−21	天线 2 的 RSSI
rssi_3	−22	天线 3 的 RSSI
csi	1x3x30	CSI 数据

3. 测试场景

巷道的整体分布如图 2-4 所示，选取两条巷道作为测试场景，将测试场景进行网格划分，对每个网络进行编号，并记录网络中心点的坐标，巷道网格划分和采样点示意图如图 3-17所示。在实验中，只将 AP 部署在一条巷道内，将有 AP 部署的巷道命名为 LOS 场景，没有 AP 部署的巷道命名为 NLOS 场景。

3.6.2 实验过程

实验过程分为离线训练和在线预测两个部分，离线训练阶段主要完成指纹库构造以及匹配方法中参数训练；在线阶段主要完成位置预测，具体步骤如下：

(1) 离线训练阶段

① 将测试场景进行网格划分，记录网格中心点的坐标，并从 1 开始对网格进行编号。

② 利用采集工具，在每个网格中心位置处采集 CSI 数据，采集频率为 100 Hz，每个网格采样时间为 3 min，在采集过程中，实验人员会随机转动身体，改变朝向。

③ 根据本章设计的 CSI 幅度和相位指纹构造方法，生成位置指纹。

④ 将所有网格标签和对应指纹汇聚到一起，在定位服务器中形成指纹数据库。利用指纹数据库，完成对指纹匹配算法中的参数训练。

(2) 在线预测阶段

① 在测试场景中随机选择一些位置作为预测位置，为了便于验证指纹定位方法的性能，记录这些位置所在的网格号和对应的坐标。

② 将预测位置采集到的 CSI 按照离线训练阶段的位置指纹构造方法生成对应的位置指纹。

③ 将生成的位置指纹通过指纹匹配算法与指纹数据库进行比对，将输出的网格号转换成对应的预测坐标，通过计算实际坐标与预测坐标的距离获得定位误差，在位置预测过程

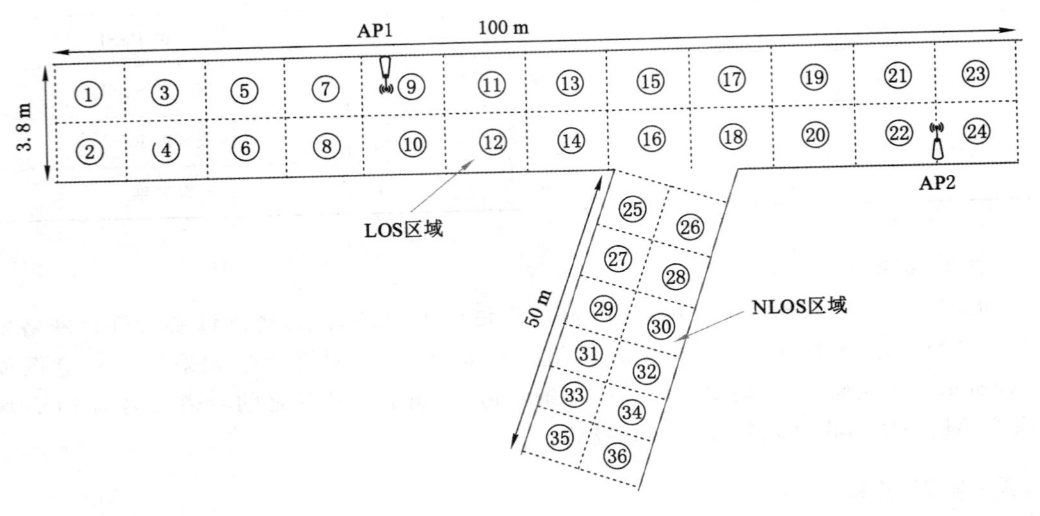

图 3-17　网格划分和采样点位置

中，定位终端将采集到 CSI 数据发送到定位服务器中，位置预测由定位服务器完成。位置预测过程如图 3-18 所示，首先根据指纹匹配算法判断被预测指纹的网格号，然后将对应网格号的中心点坐标作为被预测位置的坐标。

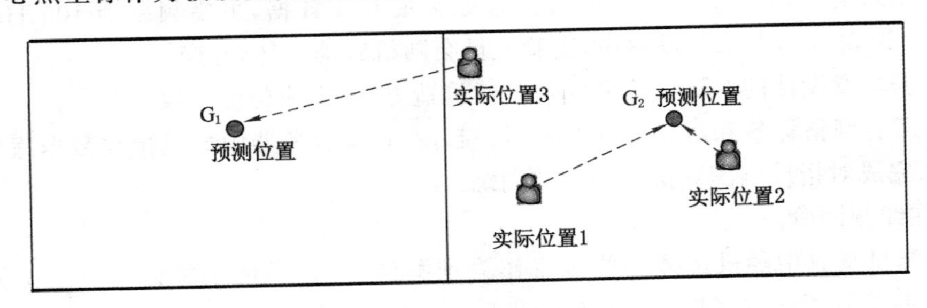

图 3-18　位置预测过程

定位方法性能指标：

从图 3-18 所示的位置预测过程可知，在线位置预测主要分为网格定位和坐标输出两个部分，因此选择网格估计准确度(Grid Estimation Accuracy，GEA)和平均定位误差(Median Distance Error，MDE)作为平均指纹定位算法的性能指标。

网格估计准确度表示在在线预测阶段，被正确估计的网格数与全部预测网格号的比率，计算公式如下：

$$\mathrm{CEA} = \frac{1}{N}\sum_{i=1}^{N} I(y_i = \hat{y}_i) \tag{3-62}$$

式中，N 是全部测试位置的网格数目；y_i 为实际的网格号；$\hat{y}_i$ 为预测网格号；$I(\cdot)$为指示函数。当 $y_i=\hat{y}_i$ 时输出 1，否则输出 0。

平均定位误差是被预测位置即被预测网格中心点位置与真实位置的平均距离，计算公式如(3-63)所示：

$$\mathrm{MDE} = \frac{1}{N}\sum_{i=1}^{N} \| x_i - \hat{x}_i \|_2 \tag{3-63}$$

式中，N 是全部测试位置的网格数目；x_i 为实际坐标；$\hat{x}_i$ 为预测网格号的中心坐标；$\| \cdot \|_2$ 为 2 范数。当 $y_i=\hat{y}_i$ 时输出 1，否则输出 0。

3.6.3 整体性能测试

本书中设计了 CSI 幅度和相位指纹，因此首先测试了 4 种指纹在两种环境下的性能，使用 AMP 表示幅度指纹，PHA 表示相位指纹，AMP-PHA 表示幅相结合的指纹，RSSI-F 表示信号强度值指纹，选择 KNN，Bayes 和 SVM 作为指纹匹配算法。在实验过程中，两个 AP 都参与指纹构造。两种场景下网格估计准确度如图 3-19 和图 3-20 所示。

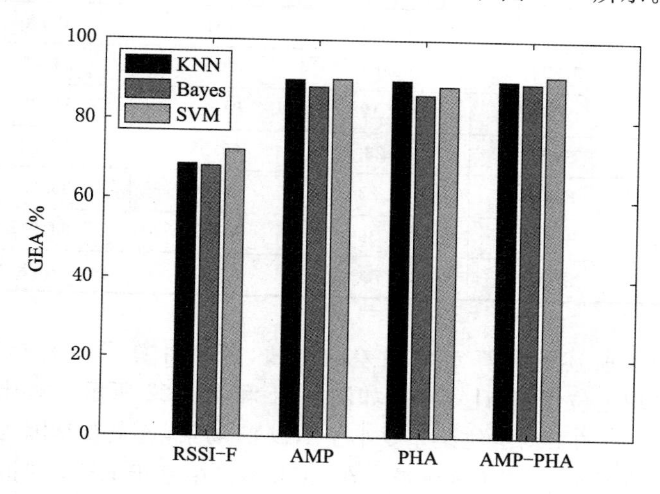

图 3-19 LOS 场景下网格估计准确度

从图 3-19 和图 3-20 可以看出，在两种场景下基于 RSSI 的指纹网格估计准确度最低，这主要是由于 RSSI 十分不稳定，导致三种匹配算法都不能精确对 RSSI 指纹进行网格匹配。相比于 RSSI 指纹，由 CSI 生成的 AMP，PHA 和 AMP-PHA 的指纹的网格估计准确度都要高于 RSSI 指纹，其中 AMP-PHA 指纹的估计准确度最高，这主要是由于 AMP-PHA

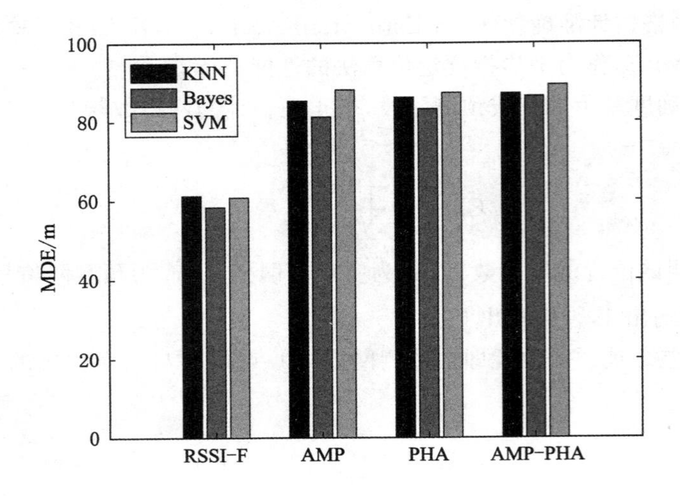

图 3-20 NLOS 场景下网格估计准确度

结合了 CSI 幅度和相位指纹，提高了指纹特征维度，从而更有利于对匹配算法进行区分。对比三种匹配算法，SVM 算法性能最好，这主要是由于 SVM 算法使用了核函数，能够将指纹数据进行高维映射，从而具有较高的泛化能力。两种场景下详细的网格估计准确度数据如表 3-4 所示。

表 3-4 两种场景下网格估计准确度

测试场景	匹配算法	网格估计准确度 GEA/%			
		RSSI-F	AMP	PHA	AMP-PHA
LOS 场景	KNN	68.63	89.86	89.73	89.81
	Bayes	68.12	88.12	86.23	89.21
	SVM	72.28.	90.08	88.36	91.03
NLOS 场景	KNN	61.23	85.25	86.13	87.11
	Bayes	58.36	81.21	83.21	86.36
	SVM	60.78.	88.08	87.28	89.23

根据 3.6.2 小节所述的计算定位误差的方法，分别计算了 4 种指纹在 LOS 场景和 NLOS 场景中的平均定位误差，计算结果如图 3-21 和图 3-22 所示。对比图 3-21 和图 3-22 可以看出，LOS 场景下的平均定位误差要小于 NLOS 场景，这主要是因为 LOS 场景中的多径效应对指纹的影响要小于 NLOS 场景。在 LOS 场景中基于 RSSI 的指纹，取得的最低平均定位误差为 5.76 m，而基于 CSI 的 AMP－PHA 指纹获得最低平均定位误差为 2.52 m，平均定位误差下降了约 56%。在 NLOS 场景中，在选择 SVM 作为匹配算法的情况下，基于 RSSI 的指纹定位方法平均定位误差为 6.23 m，而同样 SVM 作为匹配算法的 AMP-PHA 指纹，取得平均定位误差为 2.98 m，相比 RSSI 指纹，平均定位误差下降约 52%，综合两种场景，基于 CSI 生成的指纹平均定位误差下降约 54%，两种场景下详细的平均定位误差如表 3-5 所示。

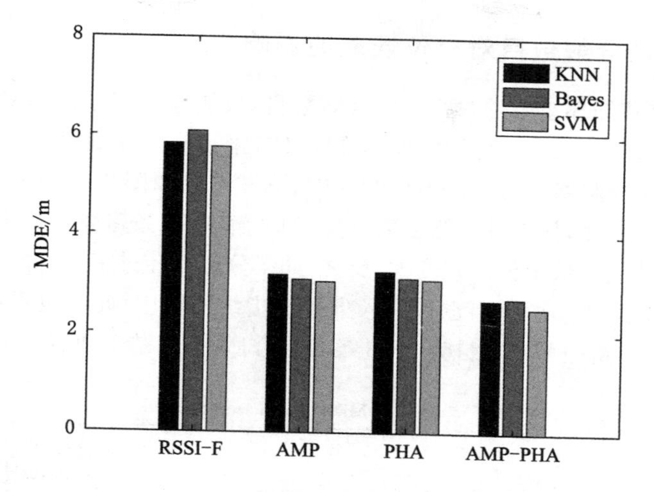

图 3-21 LOS 场景下平均定位误差

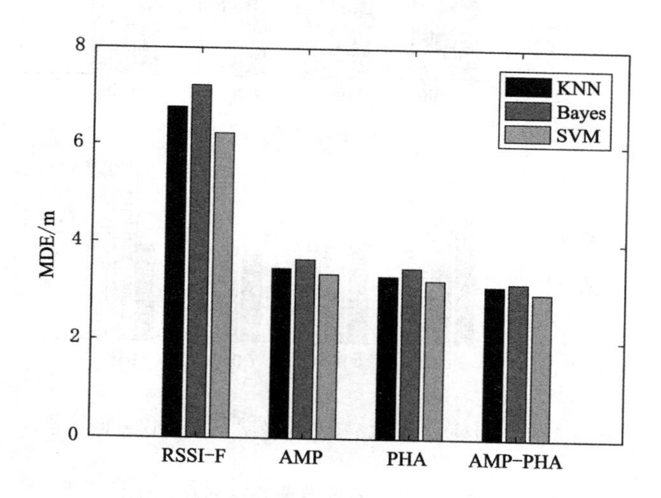

图 3-22 NLOS 场景下平均定位误差

表 3-5 两种场景下平均定位误差

测试场景	匹配算法	平均定位误差 MDE/m			
		RSSI-F	AMP	PHA	AMP-PHA
LOS 场景	KNN	5.83	3.18	3.26	2.68
	Bayes	6.08	3.09	3.12	2.72
	SVM	5.76	3.05	3.09	2.52
NLOS 场景	KNN	6.78	3.46	3.31	3.12
	Bayes	7.23	3.65	3.48	3.18
	SVM	6.23	3.35	3.23	2.98

3.6.4 不同路径分解数目对定位误差的影响

由于无法准确获知环境中传输路径的具体数目，只能通过信号带宽来估计传输路径的上限。而在 CSI 相位指纹构造中，指纹特征的维度又与路径分解数目相关。因此，分别测试了 3 条、5 条、7 条和 9 条分解路径对定位误差的影响，测试结果如图 3-23 所示。从图 3-22 中可以看出，由于井下多径明显，如果分解路径数过少(如分解 3～5 条路径)，就无法充分表述传输路径和位置的关系，从而导致定位误差变大；反之，如果分解路径过多(如分解 9 条路径及以上)，伴随着路径数的增多，更多的噪声也被引入到相位指纹构造中，此时也不利于分辨位置指纹。因此，在井下环境中，路径分解数目为 6～8 条较为合适，详细结果如表 3-6所示。

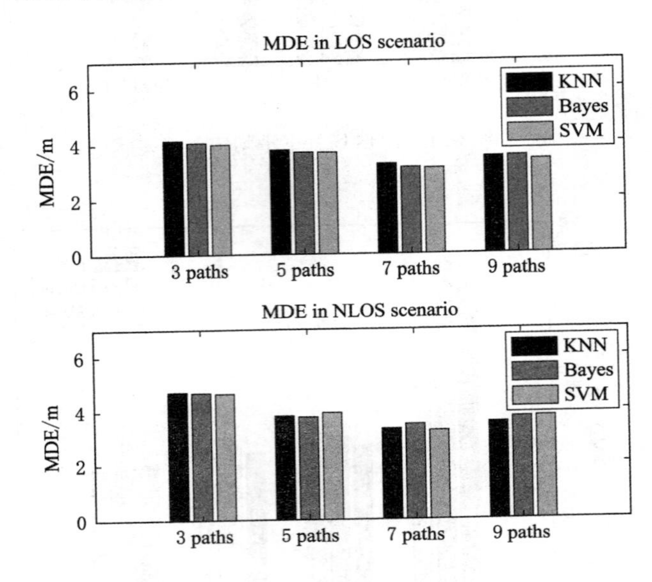

图 3-23 两种场景中路径分解数目与定位误差的关系

表 3-6 两种场景中不同分解路径对应的定位误差

测试场景	路径分解数目	KNN/m	Bayes/m	SVM/m
LOS	3	4.15	4.06	3.99
	5	3.78	3.69	3.68
	7	3.25	3.12	3.09
	9	3.49	3.51	3.37
NLOS	3	4.72	4.69	4.65
	5	3.82	3.77	3.93
	7	3.31	3.48	3.23
	9	3.55	3.74	3.76

3.6.5 不同训练\测试数据包对定位误差的影响

在离线阶段需要对指纹匹配算法中的参数进行训练，不同训练\测试数据包会对指纹匹配算法的性能产生不同的影响。本书使用 AMP-PHA 作为位置指纹分别测试了两种场景下四种训练\测试数据包组合与定位误差的关系，测试结果如图 3-24 所示。

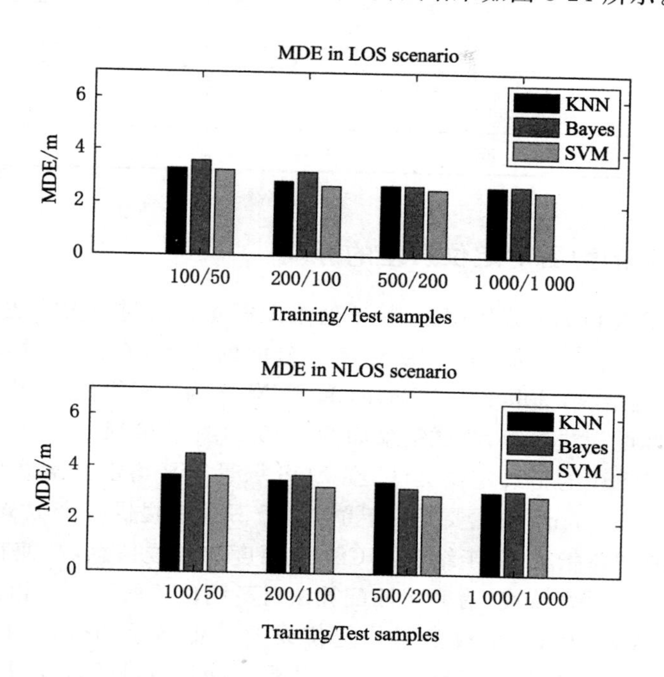

图 3-24　两种场景中不同训练/测试数据包组合与定位误差的关系

由图 3-24 可以看出，随着训练/测试数据的增大，平均定位误差有整体下降趋势。由于 Bayes 匹配算法需要计算先验概率，因此需要更多的数据来参与计算，可以看出在 1 000/1 000的组合下，Bayes 匹配算法取得平均定位误差最低。在 Bayes 匹配算法中，通常假设指纹特征是独立同分布的，然后这种假设在实际场景中不完全正确，可以看出在训练和测试样本较小的情况下，Bayes 匹配算法的定位误差要高于 KNN 和 SVM。KNN 算法是通过计算欧式距离来预测位置，因此，越多的样本越有利于减少计算带来的误差。和 KNN 不同，SVM 是需要通过支持向量来建立分类模型，因此不需要大量的样本就可以建立分类模型。所以在三种匹配算法中，使用 SVM 获得平均定位误差最低。从图中可以看出，SVM 在 500/200 组合下能够获得和 1 000/1 000 组合近似的平均定位误差，详细结果如表 3-7 所示。

表 3-7　两种场景中不同训练/测试包组合对应的定位误差

测试场景	训练/测试包	KNN/m	Bayes/m	SVM/m
LOS	100/50	3.30	3.62	3.25
	200/100	2.84	3.22	2.68
	500/200	2.71	2.73	2.56
	1 000/1 000	2.68	2.72	2.52

表 3-7(续)

测试场景	训练/测试包	KNN/m	Bayes/m	SVM/m
NLOS	100/50	3.68	4.51	3.65
	200/100	3.52	3.71	3.27
	500/200	3.48	3.25	2.99
	1 000/1 000	3.12	3.18	2.98

3.6.6 不同 AP 的数目对定位误差的影响

指纹特征的维度和 AP 数目相关，特征值维度影响指纹对位置描述的准确性。因此本书在两个场景中测试了不同 AP 数目对定位精度的影响，在测试过程中，选取 RSSI 和 AMP-PH 作为位置指纹，选取 KNN，Bayes 和 SVM 作为匹配算法，使用 1 000/1 000 训练/测试包组合训练匹配算法参数，测试结果如图 3-25 和图 3-26 所示。从图中可以看出，在单 AP 情形下，基于 RSSI 的指纹定位方法，在 LOS 场景下平均定位误差为 13.28 m，远大于 AMP-PHA 指纹的 3.17 m，这主要是由于单个 AP 只能够提供一个 RSSI，不能满足指纹定位需求，而 APM-PHA 指纹，由于结合了 CSI 的幅度和相位信息，即使在单 AP 情形下，也能够提供较高的指纹特征维度，有利于匹配算法对不同位置的区分。相比于两个 AP 场景，在单 AP 场景中，AMP-PHA 指纹的平均定位误差只提高了约 0.45 m，而在相同情况下 RSSI 指纹的平均定位误差提高了约 8 m。可以看出，AP 数目的减少对 AMP-PHA 指纹的影响要远小于对 RSSI 指纹的影响。即使在单 AP 情况下，AMP-PHA 仍能够获得较低的平均定位误差，能够用于单 AP 场景的定位，详细结果如表 3-8 所示。

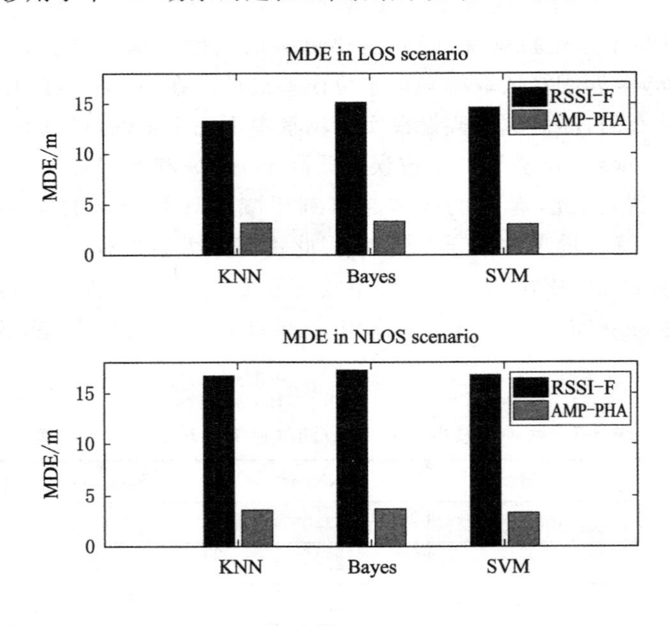

图 3-25　单 AP 情形下的平均定位误差

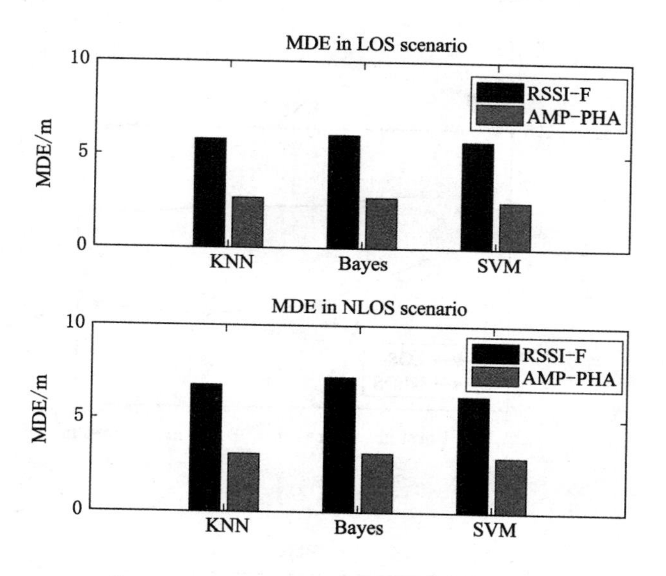

图 3-26 两个 AP 情形下的平均定位误差

表 3-8 两种场景中不同 AP 数目对应的定位误差

测试场景	AP 数目	KNN/m		Bayes/m		SVM/m	
		RSSI-F	AMP-PHA	RSSI	AMP-PHA	RSSI	AMP-PHA
LOS 场景	1	13.28	3.17	15.12	3.35	14.59	3.03
	2	5.83	2.68	6.08	2.72	5.76	2.52
NLOS 场景	1	16.96	3.58	17.23	3.71	16.76	3.33
	2	6.78	3.12	7.23	3.18	6.23	2.98

3.6.7 网格划分大小对定位误差的影响

在位置预测过程中，首先利用指纹匹配算法预测出被测位置所在的网格，然后再将网格的中心点，作为预测坐标输出，因此网格的大小也是影响定位误差的关键因素之一。本小节选择 RSSI 和 AMP-PHA 作为位置指纹，使用 KNN，Bayes 和 SVM 作为指纹匹配算法，分别在 LOS 和 NLOS 两种定位场景中测试不同网格大小对定位精度的影响，在测试过程中选择四种尺寸的网格进行测试，四种尺寸网格大小为别是：1 m×1 m、2 m×2 m、3 m×3 m以及 4 m×4 m。测试结果如图 3-27 和图 3-28 所示。从图中可以看出，网格划分过小(如1 m×1 m)并没有降低定位误差，这主要是由于指纹的特征值存在波动，当间隔过小时，相邻位置的指纹特征可能会出现重叠，从而导致指纹匹配算法无法准确判识出指纹所在的网格。由于 AMP-PHA 指纹的距离分辨率要高于 RSSI 指纹，从图 3-27 可以看出，当网格变大时(如 4 m×4 m)，AMP-PHA 指纹的平均定位误差反而会上升，这主要由于在位置预测过程中，平均定位误差是通过计算实际位置到网格中心点的距离得到的，如果网格划分过大，场景中网格数目就会变少，相应网格中心点的距离就会变远，从而也会导致定位误差变大，详细的测试结果如表 3-9 所示。

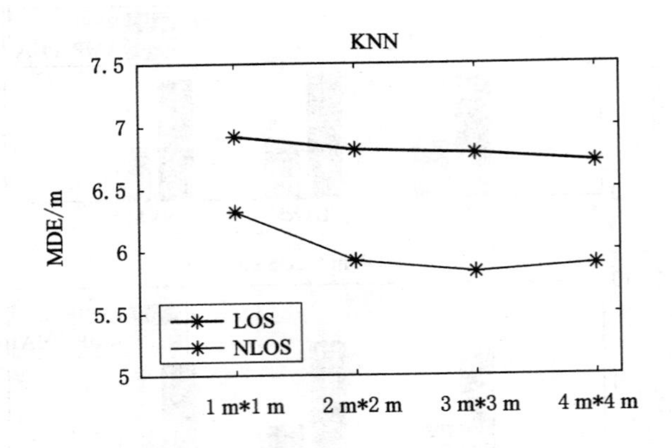

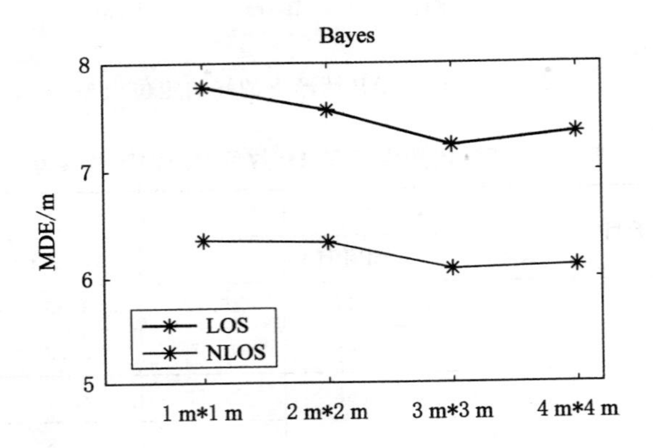

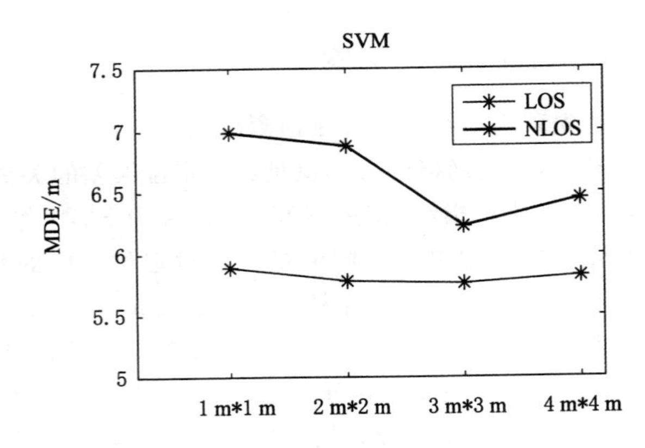

图 3-27　不同网格大小情况下的 RSSI 指纹的平均定位误差

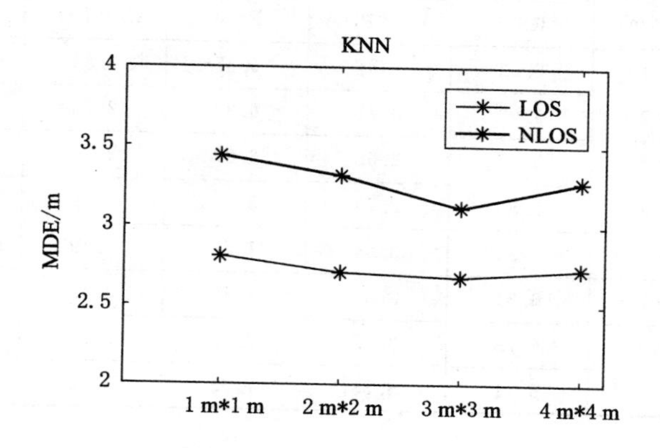

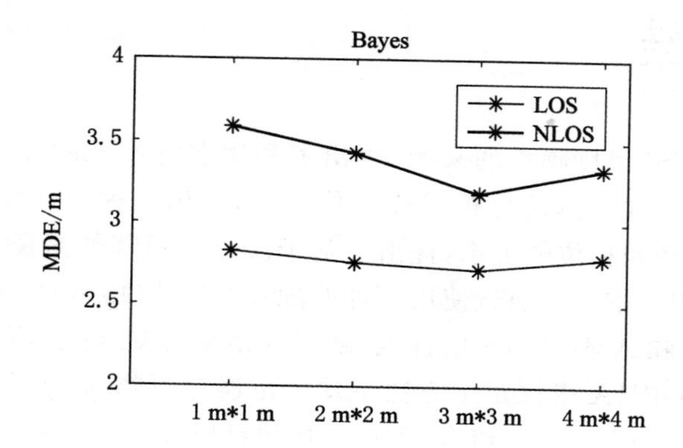

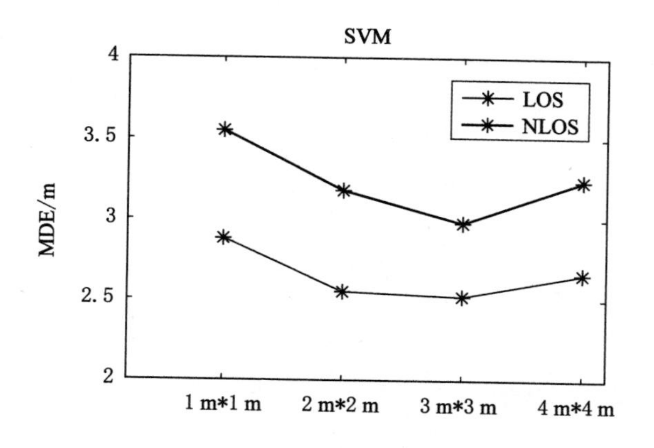

图 3-28　不同网格大小情况下的 AMP-PHA 指纹的平均定位误差

表 3-9 两种场景中不同网格大小对应的定位误差

测试场景	网格大小/(m×m)	KNN/m		Bayes/m		SVM/m	
		RSSI	AMP-PHA	RSSI	AMP-PHA	RSSI	AMP-PHA
LOS 场景	1×1	6.32	2.81	6.35	2.83	5.89	2.88
	2×2	5.92	2.71	6.33	2.76	5.78	2.55
	3×3	5.83	2.68	6.08	2.72	5.76	2.52
	4×4	5.89	2.73	6.11	2.79	5.82	2.66
NLOS 场景	1×1	6.92	3.44	7.78	3.59	6.99	3.55
	2×2	6.81	3.32	7.56	3.43	6.88	3.18
	3×3	6.78	3.12	7.23	3.18	6.23	2.98
	4×4	6.71	3.28	7.35	3.33	6.45	3.24

3.7 本章小结

本章首先分析了 CSI 幅度噪声的来源，提出了利用多滤波器的降噪方法，结合 MIMO 特性，设计了 CSI 幅度指纹。然后分析 CSI 相位噪声，提出一种线性变化方法来抑制相位噪声，通过分析传输路径和相位的关系，提出了基于汉克尔矩阵的路径分解方法，并将分解的路径信息用于构造相位指纹。通过使用三种匹配算法在 LOS 和 NLOS 两种情形下对比测试了基于 RSSI 指纹和 AMP-PHA 的性能，从实验结果可知，综合两种测试场景，相比于 RSSI 指纹，使用 AMA-PHA 指纹定位方法平均定位误差下降约 54%。最后，分析验证了不同路径分解数目、同训练\测试包组合、不同 AP 数目以及不同网格尺寸等因素对 AMP-PHA 指纹定位的影响。

4 基于量子遗传算法的模糊 LDA 指纹融合方法

4.1 引言

在上一章中，介绍了指纹定位的基本流程，在离线训练阶段，首先将定位场景进行网格划分，将网格的中心点作为位置参考点；在线预测阶段，根据指纹匹配算法预测的网格号，将被定位目标位置预测到当前网络号的中心位置，此时的定位误差就是实际位置到网格中心点的距离。如果网格划分过大，中心点就会变少，实际位置到中心点的距离就会变大，定位误差变大。如图 4-1 所示，如果划分成大网格，那么预测位置为 G1，而如果划分成小网格，那么预测位置为 G2，可以看出，预测到 G2 的定位误差要小于 G1，因此网格大小的划分对定位精度有着十分重要的影响。

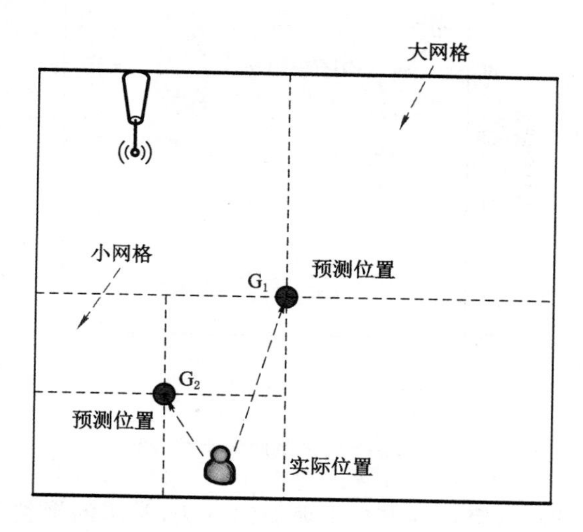

图 4-1 位置预测示意图

为了提高定位精度希望将网格划分得越小越好，然后，在实际测试中，由于指纹特征存在波动，相邻网格内的指纹特征可能会存在重叠，如图 4-2 所示，图中为 RSSI 指纹在两种不同网格的分布情况，图中的每个圆代表一个网格，圆心为指纹特征的均值，圆的半径为指纹特征的波动范围，从图中可以看出，当网格间隔为 0.1 m 时候，相邻网格的指纹特征出现大面积重叠,此时指纹匹配算法已经不能够准确对不同位置的指纹进行分类,不仅不会提高定位精度,反而会增加离线训练阶段的工作;而当指纹间隔为 6 m 时,相邻指纹特征值之间距离变大,此时位置指纹区分度高,但由于网格间隔变大,定位误差也会增高。可以看出为了能够尽可能地细分网格、提高定位精度,需要从两个方面出发:一是提高网格间中心点的距离即增加相邻指纹特征均值的距离,二是减少圆的半径即抑制位置指纹特征的波动。

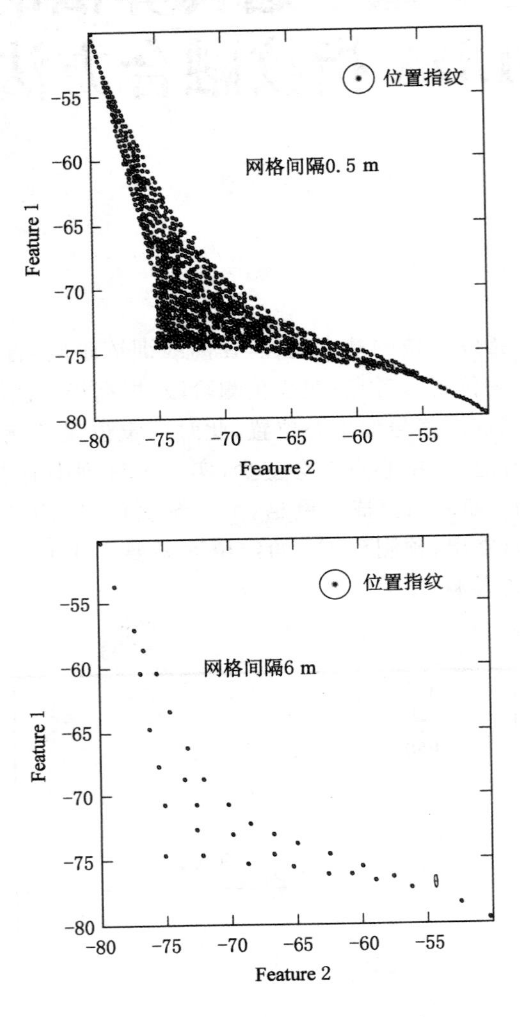

图 4-2　不同网络间隔指纹分布

实现的方法也分为两种,第一种方法是聚类的方法,常用的聚类算法有 K-means,FCM 等,该方法主要利用聚类算法将同一位置的指纹特征进行聚类,减少非该类别指纹特征信息的干扰,进而能够提高不同类别之间特征均值的距离,如文献[137]中,利用 DBSCN 算法剔除噪声特征,然而如果指纹特征维数过高,这种算法可能会出现“维数灾难”现象;另一种是降维方法,常见的降维算法主要有线性判别式分析(Linear Discriminant Analysis,LDA),该方法主要是利用降维算法,剔除指纹特征波动较大的指纹,进而在一定程度上能够减小指纹的波动范围,如文献[138]利用主成分分析方法来降低指纹特征维度,然而该种算法并未考虑指纹的类别。

聚类方法主要是考虑不同位置指纹的差异，并没有考虑位置指纹内部特征的波动，与此相反，降维方法主要是考虑位置指纹内部特征的波动，并没有考虑不同位置指纹之间的差异。因此，在分析两种方法优点和不足的基础上，本章提出了一种基于量子遗传算法的模糊 LDA 指纹融合方法。该方法利用 LDA 算法思想构建目标函数，从而增大不同指纹间特征均值的距离；利用设置的模糊因子来抑制指纹特征的波动。为了最优化目标函数需要求解模糊因子，由于目标函数没有闭合解，因此需要使用启发式算法进行求解，为了提高求解的速度和准确度，提出应用量子遗传算法进行求解。

在本章中，将基于量子遗传算法的模糊 LDA 指纹融合方法分成两个部分，第一部分是实现模糊 LDA 的指纹融合方法，第二部分是利用量子遗传算法对模糊因子进行寻优。最后，通过实验对比验证了没有使用融合方法和使用融合方法后的定位结果差异性，实验结果表明，本章提出的方法有利于定位精度的提高。

4.2　幅相指纹融合方法

4.2.1　模糊 C 均值聚类算法

模糊 C 均值算法（Fuzzy C-means，FCM）起源于模糊数学之父—“扎德”的“模糊集合论”和“模糊逻辑”[139]。“模糊集合论”是一种处理不确定、不能量化的结果的方法。在模糊 C 均值中，每个数据点（元素）对每个簇有一个隶属度（隶属权值），但每个数据点与所有簇的隶属度之和为 1。

模糊 C 均值算法的思路是：首先手动将每个数据的隶属度分配给每个簇（模糊伪划分），然后根据隶属度计算每个簇的质心，最后重新伪划分（更新隶属度矩阵），直到质心不变。

给定数据集 $X=\{x_1,x_2,\cdots,x_n\}$，k 为类别数目，$m_j(j=1,2,\cdots,k)$ 为每个聚类的中心，$\mu_j(x_i)$ 是第 i 个样本对应第 j 类的隶属度函数，根据隶属度可以写成聚类损失函数为：

$$J_f=\sum_{j=1}^{k}\sum_{i=1}^{n}[\mu_j(x_i)]^b\ ||\ x_j-m_j\ ||^2 \tag{4-1}$$

其中，$\sum_{j=1}^{n}\mu_j(\mathrm{x}_i)=1$。

McBratney 和 Gruijter 详细描述了 FCM 算法。在 k 均值聚类中，每个样本或变量属于一个聚类，聚类之间的边界是不同的，但在 FCM 算法中，每个样本或变量属于至少两个聚类。群集的中心通过最小化目标函数来确定如下：

$$J(m)=\sum_{i=1}^{n}\sum_{j=1}^{c}u_{ij}^{m}\ ||\ X_i-C_j\ ||^2,1\leqslant m<\infty \tag{4-2}$$

式中，c 是簇数；n 是向量数；m 是大于 1 的任意数；U_{ij} 是第 j 个簇中 X_i 的权重因子；X_i 是样本；C_j 是第 j 个簇的中心；$||X_i-C_j||^2$ 表示样本与每个聚类中心的相似性。

实际上，$||X_i-C_j||$ 显示了样本与簇中心之间距离的函数；该距离可以是欧式、马哈拉

诺比斯或者曼哈顿距离。FCM 算法是通过不断优化权重因子实现的,优化过程如下:

$$u_{ij}=\frac{1}{\sum_{k=1}^{c}\frac{||X_i-C_j||}{||X_i-C_k||}\frac{2}{m-1}} \tag{4-3}$$

$$c_j=\frac{\sum_{i=1}^{n}u_{ij}^{m}\cdot x_i}{\sum_{i=1}^{n}u_{ij}^{m}} \tag{4-4}$$

算法流程如下:

① 将值的初始值分配给 $U=[u_{ij}]$矩阵。

② 在第 k 步中,计算矩阵 $U^{(k)}$ 和 $U^{(k+1)}$ 中向量 $C(k)=[c_j]$的中心。

③ 更新 $U^{(k)}$ 和 $U^{(k+1)}$。

④ 当$\max_{ij}[|u_{ij}^{k+1}-u_{ij}^{k}|]<\varepsilon$ 时,算法将停止;否则算法将从第②步重新运行。其中 ε 的值在 0 和 1 之间,k 为迭代次数。

4.2.2 线性判别分析方法

线性判别分析方法的主要思想是通过对投影向量的求解使得同类样本压缩,同时使异构样本尽可能地分离。另外,LDA 算法具有良好的抗噪声和抗干扰能力,能够在大幅度降低特征维数的基础上有效提高识别性能。

LDA 算法的原理是找到可以通过选择合适的投影线来最大化区分各种数据的投影方向。它的目标是最小化类内距离并最大化间距离,以便提高数据的可区分性。在数学形式方面,LDA 算法专用于利用现有的类别信息找到能够最好地区分各种类型数据的向量空间。LDA 算法的求解过程如下:

首先,类内发散矩阵 S_w 和类间发散矩阵 S_b 定义如下:

$$S_w=\sum_{i=1}^{C}\sum_{j=1}^{N_i}(x_{ij}-m_i)(f_{ij}-m_i)^T \tag{4-5}$$

$$S_b=\sum_{i=1}^{C}(m_i-m)(m_i-m)^T \tag{4-6}$$

式中,x_{ij} 表示类别 i 的 j 个样本;m_i 表示类别 i 的平均向量;m 表示所有类别的平均向量;C 表示类别的总数;N_i 表示类别 i 的样本数。

然后,为了找到能够使各类别数据的差异最大化的方向变换矩阵 W,常用的方法是使比率最大化 $\det|S_b|/\det|S_w|$。如果类内发散矩阵 S_w 是非奇异矩阵,则仅需要求解矩阵 $S_w^{-1}S_b$ 的特征向量,并且选择前 n 个最大特征值的对应特征向量以形成方向变换矩阵 W,该矩阵是 LDA 的变化矩阵 W_{lda},变换后的特征向量可以表示为:

$$y_i=W_{lda}x_i \tag{4-7}$$

式中,x_i 为原始特征向量,假设原始特征向量是 m 维的;W_{lda}是一个 $m\times n$ 的变换矩阵;y_i 是降维后 n 维 LDA 矩阵的特征向量,其中 $m\geqslant n$。假设类别的数量是 C,LDA 矩阵可以具有至多 $C-1$ 个非零特征值,因此 LDA 子空间可以具有最多 $C-1$ 个维度。

4.2.3 模糊 LDA 指纹融合方法

在上一小节中,讨论了聚类和降维方法,在 LDA 算法中,每组样本数据都赋予相同的权重，并没有考虑到不同样本的差异性，因此在 FCM 算法中，对每组样本加入了模糊因子，但是没有考虑到类别信息。因此，本小节结合以上两种算法的特点，提出一种模糊 LDA (Fuzzy LDA，FLDA)方法来实现对幅度指纹和相位指纹特征的融合。

假设 $|h|^{pro-amp}$ 和 $\angle h^{pro-pha}$ 分别表示生成的幅度指纹和相位指纹，H_{AP_i} 表示在某一参考位置处由第 i 个 AP 生成的幅相结合的指纹，H_{AP_i} 表示如下：

$$H_{APn} = [\,|h|^{pro-amp} \quad \angle h^{pro-pha}\,] \tag{4-8}$$

使用 H_{FP} 来表示在该参考位置处，由 n 个 AP 构成的幅相结合的指纹，H_{FP} 表示如下：

$$H_{FP} = [H_{AP1} \quad H_{AP2} \quad H_{AP3} \quad \cdots \quad H_{APn}] \tag{4-9}$$

从上文分析可知，为了提高定位的准确性，需要尽可能地减少相邻网格的间隔。因此，需要不同网格之间的指纹特征值距离尽可能大，假定在参考位置 i 和 j 处，分别采集 N_i 和 N_j 个数据包，f_t 表示第 t 组指纹特征，则 i 和 j 处指纹间的距离可以表示为：

$$d_b = (m_i - m)(m_j - m)^T \tag{4-10}$$

其中，$m_i = \dfrac{1}{N_i}\sum_{t=1}^{N_i} f_t$，$m_j = \dfrac{1}{N_j}\sum_{t=1}^{N_j} f_t$ 分别表示位置 i 和位置 j 处指纹特征的均值，$m = \dfrac{\sum_{t=1}^{N_i} f_t + \sum_{t=1}^{N_j} f_t}{N_i + N_j}$ 表示所有样本指纹特征的均值。

对于 i 和 j 处的指纹，希望每组指纹样本尽可能地接近指纹特征中心，则 i 和 j 组所有指纹样本到指纹中心的距离可以表示为：

$$d_w = \frac{1}{N_i}\sum_{t=1}^{N_i}(f_t - m_i)(f_t - m_i)^T + \frac{1}{N_j}\sum_{t=1}^{N_j}(f_t - m_j)(f_t - m_j)^T \tag{4-11}$$

为了使 d_b 尽可能大，而 d_w 尽可能小，定义目标函数 J 如下：

$$J = \mathrm{tr}[(d_w) - 1 d_b] \tag{4-12}$$

求解该目标函数，等价于求解如下特征矩阵问题：

$$d_b \nu_s = \lambda_s d_w \nu_s \quad s = 1, \cdots d \tag{4-13}$$

通过求解特征矩阵，可以得到 d 个特征值，以及对应的特征矩阵。将特征向量按照特征值大小进行降序排列，选取前 $p(p<d)$ 个特征向量就可以构成融合矩阵 A：

$$A = [\nu_1, \nu_2, \cdots, \nu_p] \tag{4-14}$$

为了调整每组样本的权重，在上式中对每组指纹样本设置一个模糊因子，因此，指纹间的距离和指纹样本到指纹中心的距离分别表示为：

$$d_b = \frac{\sum_{1}^{N_i}\varphi_t + \sum_{1}^{N_j}\varphi_t}{N_i + N_j}(m_i - m)(m_j - m)^T \tag{4-15}$$

$$d_w = \sum_{t=1}^{N_i}\frac{\varphi_t}{N_i}(f_t - m_i)(f_t - m_i)^T + \sum_{t=1}^{N_j}\frac{\varphi_t}{N_j}(f_t - m_j)(f_t - m_j)^T \tag{4-16}$$

式中，$m_i = \sum_{t=1}^{N_i}\dfrac{\varphi_t}{N_i}f_t$，$m_j = \sum_{t=1}^{N_j}\dfrac{\varphi_t}{N_j}f_t$；$m = \dfrac{\sum_{t=1}^{N_i}\dfrac{\varphi_t}{N_i}f_t + \sum_{t=1}^{N_j}\dfrac{\varphi_t}{N_j}f_t}{N_i + N_j}$。

上文中描述了两个位置处的指纹融合的方法，在实际应用中需要进行采样的位置远大于两个。假定共有 P 个位置，使用 N_i 来表示在每个位置的采样值，$i=1,\cdots,P$，$N=N_1+N_2+\cdots+N_P$ 来表示全部位置的采样值，使用 f_{ip} 来表示位置 P 处第 i 组指纹特征。定义指纹内部特征值距离为：

$$D_{\mathrm{w}}=\sum_{i=1}^{P}\sum_{j=1}^{N}\frac{\varphi_{ij}}{N}(f_{ij}-m_i)(f_{ij}-m_i)^{\mathrm{T}} \tag{4-17}$$

式中，φ_{ij} 为模糊因子；$m_i=\frac{1}{N_i}\sum_{j=1}^{N_i}\varphi_{ij}f_{ij}$ 表示位置 i 处指纹中的特征值的平均值，定义不同指纹间的距离为

$$D_{\mathrm{b}}=\sum_{i=1}^{P}\frac{\sum_{j=1}^{N}\varphi_{ij}}{N}(m_i-m)(m_i-m)^{\mathrm{T}} \tag{4-18}$$

式中，$m=\frac{1}{N}\sum_{i=1}^{P}\sum_{j=1}^{N}\varphi_{ij}f_{ij}$ 表示全部指纹特征值的平均值。因此，定义目标函数 $F(\cdot)$表示为

$$\begin{aligned}&F(\varphi_{ij})=\mathrm{tr}[(D_{\mathrm{w}})-1D_{\mathrm{b}}]\\&\mathrm{s.t.}\ \sum_{i=1}^{P}\varphi_{ij}=1,\ j=1,\cdots,N\end{aligned} \tag{4-19}$$

在计算 D_{w} 时可能会出现一些奇异点，为了减少奇异点影响，对 D_{w} 对进行正则化处理，使用 D_{rw}来表示正则化后的 D_{w}，D_{rw}表示如下：

$$D_{\mathrm{rw}}=\alpha D_{\mathrm{w}}+(1-\alpha)\mathrm{diag}(D_{\mathrm{w}}) \tag{4-20}$$

此时目标函数变为：

$$F_{\mathrm{r}}(\varphi_{ij})=\mathrm{tr}[(D_{\mathrm{rw}})-1D_{\mathrm{b}}] \tag{4-21}$$

式中，$\mathrm{diag}(D_{\mathrm{w}})$表示 D_{w} 的对角线部分，$r\in[0,1]$是正则化参数。

因此重新定义优化问题如下：

$$\begin{aligned}\Phi&=\underset{\Phi}{\mathrm{argmax}}F_{\mathrm{r}}(\varphi_{ij})\\&=\underset{\Phi}{\mathrm{argmax}}\mathrm{tr}[(D_{\mathrm{rw}})-1D_{\mathrm{b}}]\\&\mathrm{s.t.}\ \sum_{i=1}^{P}\varphi_{ij}=1,j=1,\cdots,N\end{aligned} \tag{4-22}$$

利用启发式算法得到 φ_{ij} 后，通过求解如下公式，可以求出对应的特征值和特征矩阵。

$$\begin{aligned}&D_{\mathrm{b}}\nu_s=\lambda_s D_{\mathrm{rw}}\nu_s,s=1,\cdots,d\\&\lambda_1\geqslant\lambda_2\geqslant\cdots\geqslant\lambda_d\end{aligned} \tag{4-23}$$

将特征向量按照特征值大小进行排序，选择前 p 个特征向量作为融合矩阵 $A=[\nu_1,\nu_2,\cdots,\nu_p]$，$p\leqslant d$，幅相融合后的位置指纹为：

$$H_{\mathrm{FP}}^{\mathrm{New}}=H_{\mathrm{FP}}\mathrm{A} \tag{4-24}$$

模糊 LDA 幅相指纹融合算法主要是融合了 LDA 和 FCM 算法的优势，将 FCM 算法中的模糊因子引入到指纹距离，通过优化目标函数最终实现幅相指纹的融合，算法流程如下：

（1）初始化模糊因子

在 0－1 之间随机选择一个数赋值给模糊因子，同时保证所有模糊因子的和为 1。

（2）启发式算法求解模糊因子

将目标函数 $F_r(\varphi_{ij})$ 带入启发式算法中，求解使 $F_r(\varphi_{ij})$ 最大化且满足约束条件的模糊因子 φ_{ij}。

(3) 求解 D_b 和 D_{rw}

将步骤(2)中得到的模糊因子带入到 D_b 和 D_{rw} 中，求解 D_b 和 D_{rw}。

(4) 求解融合矩阵

求解 $D_{rw}^{-1}D_b\nu_s=\lambda_s\nu_s, s=1,\cdots,d$ 得到对应的特征值和特征向量，将特征向量按照特征值大小进行排序，选择前 p 个特征向量得到融合矩阵 $A=[\nu_1,\nu_2,\cdots,\nu_p], p\leqslant d$。

(5) 生成融合指纹

将原始指纹与步骤(4)中得到的融合矩阵相乘，得出融合指纹 $H_{FP}^{New}=H_{FP}A$。

4.3　模糊因子寻优

模糊融合算法的关键步骤是通过优化函数得出模糊因子，而优化函数是非线性非凸函数。对于非线性非凸函数求解梯度十分复杂甚至无法显性写出梯度函数，所以，传统的基于梯度的数值优化算法不再适应，需要采用一些启发式算法寻找最优的模糊因子。常用的启发式算法主要有粒子群算法和遗传算法，本小节在分析两种常用的启发式优化算法的特点和不足后，提出使用量子遗传算法进行模糊因子寻优。

4.3.1　基于粒子群算法的模糊因子寻优

1995 年社会心理学博士 James Kennedy 和电子工程学博士 Russell Eberhart 合作提出了粒子群优化算法(Particle Swarm Optimization，PSO)[140]。该算法是一种进化算法，同时具有进化和群体智能的特征。PSO 使用了鸟群和鱼群学习的蜂拥策略，将鸟群的栖息地或者是食物当做优化问题的可能解。由于鸟群中的个体存在合作和竞争，在算法的求解过程中利用这些特质让群体往最优解的方向前进，通过这一机制逐步找到寻优问题的最优解。

在粒子群优化算法中，将鸟群中的个体抽象为没有体积和重量的粒子，而这个抽象的粒子就代表了寻优问题解空间中的一个解。每个粒子依据自己以往的飞行路线以及群体中其他个体的飞行路线调整自己的位置和速度。粒子群优化算法在寻优过程中，首先设置合适的粒子数目，并对每个粒子进行随机赋值，然后根据目标函数求得每个粒子对应的适应度值，这个适应度值就代表了该粒子的优劣程度。接下来，粒子根据自身或者是群体中的历史最优位置来不断地调整自己的位置和速度，在解空间中搜寻最佳解。图 4-3 为基于 PSO 的模糊因子寻优流程图。

粒子群优化算法的步骤为：

(1) 初始化若干粒子。

(2) 计算每个粒子的适应度值。

(3) 根据每个粒子的适应度值更新最佳位置(P_{best})，并更新整个种群的全局最佳位置(g_{best})。

(4) 更新每个粒子的位置和速度。

(5) 应用变异算子增强种群多样性。操作如下：对每个粒子的每个维度生成一个随机

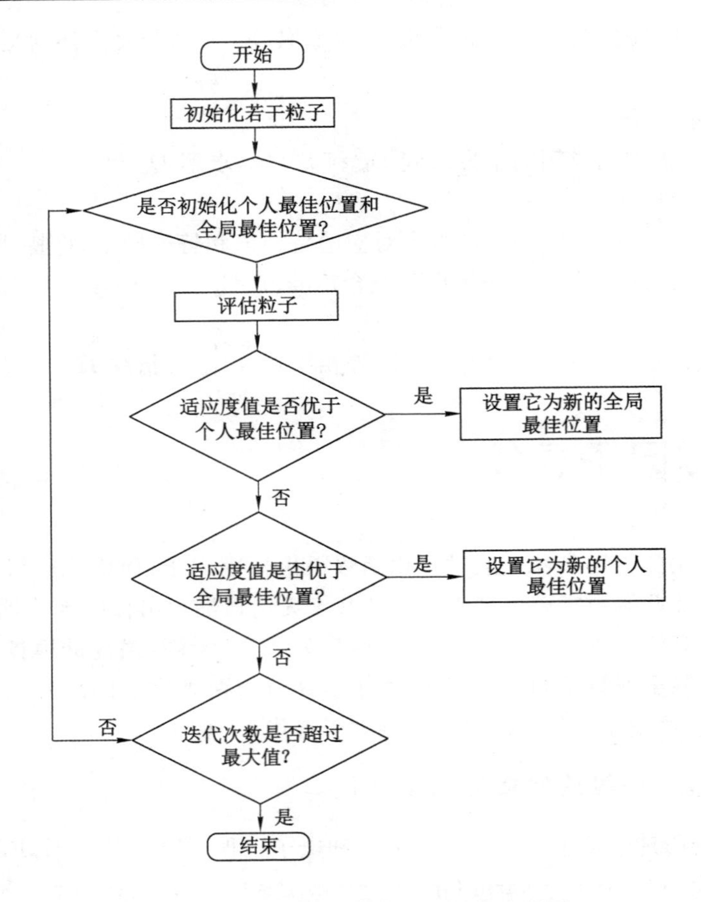

图 4-3　基于 PSO 的模糊因子寻优流程图

值，并与预定的突变概率进行比较。

(6) 如果迭代次数超过最大值，优化过程结束，否则将返回到(2)。

每个粒子都有一个由位置向量Xi_k定义的位置，其中 i 为粒子的索引数，其速度由速度向量Vi_K表示。每个粒子都记录自己的最佳位置Pi_{Lbest}。因此，将来自群的最优位置向量保存在Pi_{Global}的向量中。

在迭代时间 k 中，速度由旧速度更新为新速度的定义为：

$$Vi_{k+1} = Vi_k + R_1(Pi_{\text{Lbest}} - Xi_k) + R_2(Pi_{\text{Global}} - Xi_k) \tag{4-25}$$

其中R_1和R_2是随机数。

利用以前的位置和新的速度之和计算新的位置：

$$Xi_{k+1} = Xi_k + Vi_k \tag{4-26}$$

PSO 算法虽然概念清晰，易于实现。然而却无法通过数据推导来证明其收敛性。因此，PSO 算法得到的解不一定为全局最优解，在一些情况下甚至不能得到局部最优解，PSO 算法在其他的一些方面也存在诸多问题：

(1) 参数设置对最终寻优结果影响大。在 PSO 算法中参数设置的细微不同可能导致优化的结果有很大的差别。由于 PSO 算法是一种随机的进化算法，所以它的初始参数基本不可能相同。因此，如何设置合适的参数从而保证 PSO 算法能够得到最优解是待解决的问题。

(2)“早熟”问题。全局共享信息使得 PSO 算法的粒子更轻易地得到个体或者是种群中的最优值。但若先得到的是局部最优解，粒子就很难摆脱这个最优值，并吸引种群中的其他粒子也飞向这个局部最优解，从而不能找到真正的全局最优解，这意味着过早发生的现象。

(3) 在迭代过程中，PSO 算法通过只利用个体最优信息和种群最优信息，增加了算法的计算速度，但这种不充分利用信息的办法，很有可能会错过一些非常有用的信息。

4.3.2 基于遗传算法的模糊因子寻优

遗传算法(Genetic algorithm, GA)最早是在 20 个世纪 60 年代由美国密歇根大学的教授 Hollnad 提出的。遗传算法是一种仿生算法，即模拟生物进化的整个过程。在模拟过程中将可能解的集合视为自然界中的种群。种群由多个染色体构成，通过不断繁衍直到得到最适应的个体为止。遗传算法使用一种特定的编码方式，从而构造一个产生解的范围，在此范围内，随机地产生一组初始值(即初始群体)，通过定义一个适应度函数来评价个体对环境的适应能力。根据个体的适应能力进行筛选，筛选的手段主要有选择、交叉和变异等方法，在整个筛选过程中，由于适应能力强的个体存活概率更大，就能有更多的机会将基因遗传到下一代，通过不断的迭代更替，最后获得最适应的个体。遗传算法因其实用性与高效性，得到了国内外的众多关注和应用[141]。

(1) 遗传算法的特点

遗传算法作为主要的进化算法，凭借其自身的诸多特性，受到了广泛的关注和应用。遗传算法有以下特点：

具有内在的隐并行性和更好的寻优能力。遗传算法在求解过程中不是从一个点到另一个点，而是从多个点同时进行并行搜索，即从一个群体到另一个群体。所以，避免了最终搜索到的是局部最优解的情况，以最大的概率得到全局最优解。

直接对结构对象进行操作。遗传算法只需要适应度函数值作为搜索信息，不需要搜索空间的其他辅助信息评估个体，因此，搜索过程中不用考虑适应度函数能否表示或者是否连续可微，甚至连函数的定义域也可以随意设置。该特点使得遗传算法的应用领域及范围进一步扩大。

采用概率化的寻优方法。遗传算法没有事先确定好的规则，而是根据概率的变化自动获取和指引搜索的方向。

具有自我组织、自我适应和自我学习的能力。遗传算法利用在求解过程中获得的信息自我组织搜索方案。同时，适应度高的个体以更大的概率存活下来，并获得适应环境的基因。

具有可扩展性。遗传算法能够与其他算法结合共同解决问题。

(2) 遗传算法编码方法

在使用遗传算法前需要将问题的参数转换成遗传空间中具有一定基因结构的染色体或者个体，这一转换过程即为编码。由于编码的优劣直接影响整个算法的优劣，所以编码是算法设计的一个重点和难点。目前常用的有两种编码方式：第一，是二进制编码，目前使用最多的编码方式就是二进制编码，在遗传算法中基因是由二进制的两个符号 0 和 1 组成的一系列符号串表示的；第二，浮点数编码，这种方法是用浮点数代表某个个体的每个基因值，所以编码的长度就代表了决策变量的多少。

(3) 遗传算法适应度函数的设计

起初在生物学中人们用“适应度”这个词来评价个体的优劣程度，适应度越大说明对环境的适应能力就更强，反之，适应度越小对环境的适应能力就弱。环境根据适应度的大小对个体进行选择，以保证适应能力更好的个体具有更大的概率繁殖后代，将具有优良性能的基因传递下去。将适应度的原理应用于遗传算法中，用函数来评估个体在环境中的生存能力，该函数即可称为适应度函数。函数值的大小就代表了个体适应环境能力的大小。

适应度函数作为影响遗传算法的重要因素，设计过程中应考虑以下方面：

① 适应度函数值应该是非负的、连续的以及独立的。

② 适应度函数的设计应尽量接近待解决的问题，能够通过它描述种群的优劣。

③ 适应度函数的设计还应尽量简单。

④ 适应度函数的设计要能普遍适用。

在函数优化中，适应度函数可由目标函数变换得到。定义：

$g(x)$：目标函数；$F(x)$：适应度函数，则

$$f(x)=\begin{cases}g(x)+c_{\min} & g(x)>c_{\min}\\ 0 & \text{other}\end{cases} \tag{4-27}$$

其中，$c_{\min}$是根据数据设置的一个数，可以选择进化过程中 $g(x)$的最小值充当$c_{\min}$，也可以随意选取一个适当的数，但该值的选取最好与群体无关。由于$c_{\min}$是事先定好的，所以该值不可能是最理想的，从而影响整个遗传算法的精确度。

(4) 遗传算法参数的选择

遗传算法参数直接影响该算法执行的效率和最终聚类的效果。遗传参数通常有：编码串长度、种群规模、遗传代数、交叉概率、变异概率。

种群规模的取值范围：20～100。

遗传代数的取值范围：100～500。

交叉概率的取值范围：0.3～0.8。

变异概率的取值范围：0.001～0.1。

(5) 遗传操作

遗传操作是模拟生物产生后代的操作，它的作用就是将最适应环境的个体保留，将不适时宜的个体剔除，从而实现适者生存。遗传算法中主要依靠的操作方式是选择操作、交叉操作以及变异操作。为了能够以更高的效率得到最优解，在构造遗传算法时，需要仔细考虑以下几点：

① 选择操作

选择操作是利用选择算子在种群中选择具有优良基因的个体并淘汰掉基因劣质的个体。选择操作需要适应度函数的协助，适应能力强的个体以更大的概率参与接下来的交叉和变异操作，同时它的后代在下一代中所占的比例也越大。目前常用的选择操作主要有四种：排序选择法、轮赌盘选择法、竞争选择法以及最佳个体保留法。

② 交叉操作

在自然界中，生物的繁衍是将父代两个个体的基因进行重组，从而形成携带新的染色体

的子个体。这个新个体同时具有父代两个个体的部分特点，若新个体中父代的优良基因更多，则这个个体更接近最优解，若新个体携带父代的优良基因偏少，则该个体很可能在接下来的进化过程中被淘汰。具体的交叉操作就是依据交叉概率在配对库中随机抽取两个个体进行的，交叉点的数量可以是一个，也可以是多个，交叉的位置也是随机确定的。双点交叉法、均匀交叉法、离散交叉法以及算术交叉法是经常被使用的交叉操作方式。

③ 变异操作

变异操作模仿自然界中生物的遗传和进化时基因变异的情况，基因的某些位置被其他基因的同等位置所替代，可能产生出原本不存在的基因组合，从而一个新物种就诞生了。虽然生物进化过程中变异的概率极小，但它是客观存在的，在设计遗传算法时必须将其考虑在内。通过变异操作，丰富了基因库的多样性，同时有可能产生出比原本基因库中具有更强适应能力的基因。目前常用的变异操作方法主要有：均匀变异法、非均匀变异法、基本位变异法、边界变异法、在遗传算法中可以使用单个或者多个变异方法。

（6）遗传算法步骤

首先，选择合适的种群数量对种群进行初始化；然后，依据设计的适应度函数计算种群中个体的适应度值；最后，选择适应度高的个体繁衍出下一代种群，对新繁衍的新种群重复以上淘汰机制。遗传算法的基本流程图如图(4-4)所示：

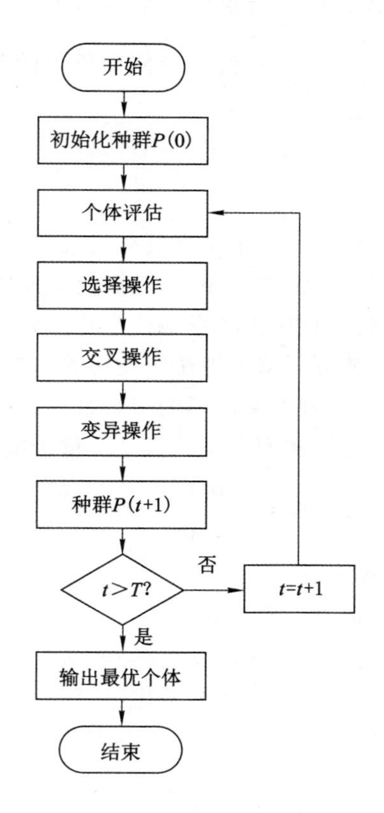

图 4-4　基于 GA 的模糊因子寻优流程图

4.3.3 基于量子遗传算法的模糊因子寻优

量子遗传算法(Quantum Genetic Algorithm,QGA)中染色体的编码借用了量子物理中的量子比特的概率振幅,从而实现每条染色体可以表示多个态。将量子物理中的量子非门和旋转门用来更新染色体,以达到优化种群的目的。相较于传统遗传算法,量子遗传算法引入量子并行特性,提升了选择操作中的搜索能力,使得量子遗传算法具备搜索更大规模种群的能力,从而增加获得最优解的概率[142]。

(1) 量子比特编码

量子比特作为量子计算中的基本存储单位,它不同于现有计算机中所指的比特位,而是一个双态系统。这里的双态是指量子计算中两个相互独立的态:0 态和 1 态,借用狄拉克符号“$|>$”,分别用$|0>$和$|1>$表示自旋向下态(0 态)和自旋向上态(1 态)。一个量子态是这两种态的叠加形式,可以表示成为两种态的线性组合:

$$|\Psi>=\alpha|0>+\beta|1> \tag{4-28}$$

α,β分别是$|0>$和$|1>$的概率振幅,并且必须满足条件:$|\alpha|2+|\beta|2=1$。

其中,$|\alpha|2$是$|0>$态的概率,$|\beta|2$是$|1>$态的概率。即当 0 态存在的概率为 1 时,则 1 态存在的概率必为 0。反之,1 态存在的概率为 1 时,则 0 态存在的概率为 0。振幅概率$[\alpha\beta]^{\mathrm{T}}$代表量子比特的染色体。所有染色体的集合为$P=\{P_1,P_2,\cdots,P_n\}$,其中 n 表示总量的大小,$P_i=\begin{bmatrix}\alpha_1 & \alpha_2 & \alpha_3\cdots & \alpha_m\\ \beta_1 & \beta_2 & \beta_3\cdots & \beta_m\end{bmatrix}$,$m$ 代表个体染色体的基因数目。种群初始化,所有个体的概率$[\alpha_i \quad \beta_j]^{\mathrm{T}}$被设置为$\begin{bmatrix}\frac{1}{\sqrt{2}} & \frac{1}{\sqrt{2}}\end{bmatrix}^{\mathrm{T}}$。

(2) 量子旋转门

在遗传算法中,种群的编码依靠量子位且具有很大的随机性,因为只有在观察时才能得到确定的编码,所以每次观测到的值都不相同,观测值主要取决于观测时的概率和量子位的状态概率。为了在种群的迭代过程中大概率地产生优秀的个体,量子遗传算法引入了量子旋转门来实现种群的更迭,而放弃了遗传算法中使用的选择、交叉以及变异操作。量子旋转门可以通过调整量子态概率增加种群基因库的多样性,从而使解出现在适应度最高的个体上,所以量子旋转门对量子遗传算法而言至关重要。量子旋转门的表达式如下:

$$R(\theta)=\begin{bmatrix}\cos(\theta_i) & -\sin(\theta_i)\\ \sin(\theta_i) & \cos(\theta_i)\end{bmatrix} \tag{4-29}$$

量子旋转门的迭代过程如下:

$$\begin{bmatrix}\alpha'_i\\ \beta'_i\end{bmatrix}=\begin{bmatrix}\cos(\theta_i) & -\sin(\theta_i)\\ \sin(\theta_i) & \cos(\theta_i)\end{bmatrix}\begin{bmatrix}\alpha_i\\ \beta_i\end{bmatrix} \tag{4-30}$$

式中,$[\alpha_i \quad \beta_i]^{\mathrm{T}}$表示当前染色体的第 i 个量子比特;而$[\alpha'_i \quad \beta'_i]^{\mathrm{T}}$则是量子旋转门经过调整以后而产生的新的量子比特;$\theta_i$是旋转角度,$\theta_i$的方向和值由策略调整来设置。调整策略如下表 4-1 所示。

表 4-1　量子旋转门调整策略表

x_i	b_i	$f(x_i)\geqslant f(b_i)$	$\Delta\theta_i$	$s(\alpha_i,\beta_i)$			
				$\alpha_i\beta_i>0$	$\alpha_i\beta_i<0$	$\alpha_i=0$	$\beta_i=0$
0	0	False	0	—	—	—	—
0	0	True	0	—	—	—	—
0	1	False	δ	+1	−1	0	±1
0	1	True	δ	−1	+1	±1	0
1	0	False	δ	−1	+1	±1	0
1	0	True	δ	+1	−1	0	±1
1	1	False	0	—	—	—	—
1	1	True	0	—	—	—	—

其中，$\theta_i=s(\alpha_i,\beta_i)\Delta\theta_i$表示旋转角度，而$s(\alpha_i,\beta_i)$表示旋转方向，$\Delta\theta_i$代表旋转角度，从而算法的收敛方向和收敛速度都得到了很好的控制。另外，在旋转门的调整策略中，x_i表示当前染色体的第 i 个基因，$f(x_i)$是该个体的适应度。b_i表示当前最优秀的染色体中的第 i 个基因，$f(b_i)$表示最优个体的适应度。该方法是用当前种群中最优个体的适应度 $f(b_i)$作为一个目标值，将种群中个体的适应度 $f(x_i)$与它进行比较，若 $f(x_i)>f(b_i)$，则调整个体中相应的量子比特，从而让概率振幅(α_i,β_i)朝着有利于x_i的方向逼近；否则，若 $f(x_i)<f(b_i)$，则调整种群中个体相应的量子比特，让概率振幅(α_i,β_i)朝着有利于b_i的方向逼近。

（3）量子遗传算法流程

① 种群初始化：初始种群表示为 $Q(t0)$。把种群中每个个体的量子位概率幅(α_i^0,β_i^0)初始化为$(1/\sqrt{2},1/\sqrt{2})$，表示在初始化扫描时所有状态等概率叠加。这样种群的染色体可以如下表示：

$$|\Psi_{q0_i}>=\sum_{k=1}^{2^m}\frac{1}{\sqrt{2^m}}|S_k> \tag{4-31}$$

式中，S_k表示染色体的第 k 种状态，是由一个长度为 m 的串$(x_1,x_2,\cdots,x_m)$组成的，因为是二进制串，因此x_i $(i=1,2,3,\cdots,m)$的取值只能是 0 或者 1。

② 扫描：对种群 $Q(t)$中的所有个体进行一次扫描，得出扫描值 $P(t)=\{p_1^t,p_2^t,p_3^t,\cdots,p_n^t\}$。其中的 p_j^t 代表第 t 代种群中的第 j 个解。

③ 适应度评价：根据不同的问题，算法设计了各自的适应度函数。用该适应度函数对种群中的个体进行评价。

④ 保留最优解：根据量子遗传算法的选择策略，保留下种群中适应度最高的个体。

⑤ 终止条件：若已经得到了种群中最优的个体，即全局最优解，则结束算法。否则，继续执行操作。

⑥ 调整：用量子旋转门对种群进行调整。

⑦ $t=t+1$，算法回到遗传步骤②继续寻优量子，算法的流程如下图 4-5 所示。

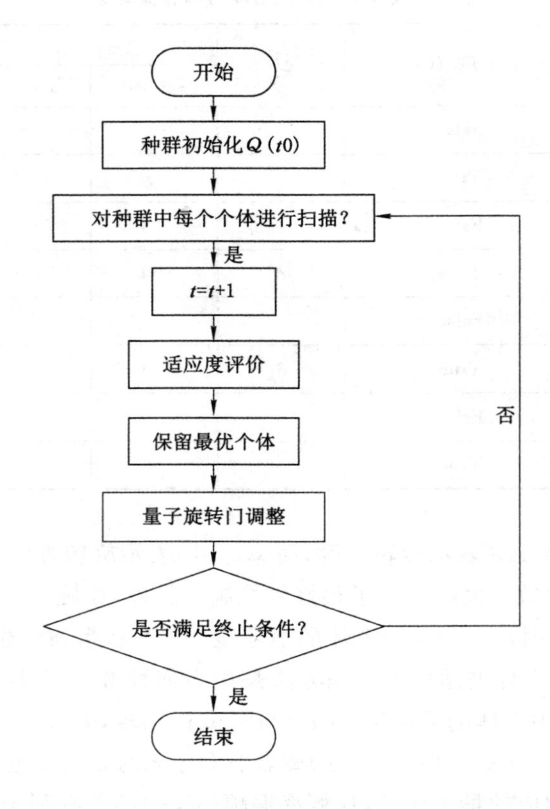

图 4-5　基于 QGA 的模糊因子寻优流程图

4.4　实验分析

本章实验设备和场景与第 3 章相同,分别在 LOS 场景和 NLOS 场景进行测试。在测试过程中将经过模糊 LDA 融合方法处理后的幅相指纹命名为 F-AMP-PHA 指纹,使用 KNN,Bayes 和 SVM 作为指纹匹配算法,选择平均定位误差作为性能指标。

4.4.1　AMP-PHA 指纹和 F-AMP-PHA 指纹对比

使用模糊 LDA 对指纹进行处理的目的之一是提高不同位置指纹的可分辨性,因此首先选取了两个位置,对处理前后的指纹进行对比,两个位置的间隔为 3 m,测试结果如图 4-6 所示,从图中可以看出,经过模糊 LDA 处理后的 F-AMP-PHA 指纹在不同位置特征值的差异性要明显高于未经过处理的 AMP-PHA 指纹,因此经过模糊 LDA 处理后的指纹更加有利于指纹匹配算法分辨。

使用模糊 LDA 对指纹进行处理的另一个目的是降低指纹的波动,因此,本书选取 80 个位置,对比测试了 AMP-PHA 和 F-AMP-PHA 指纹的波动。首先在每个位置分别采集 100 个数据包,然后分别计算出每个位置两种指纹的标准差,图 4-7 是标准差的 CDF 曲线,从

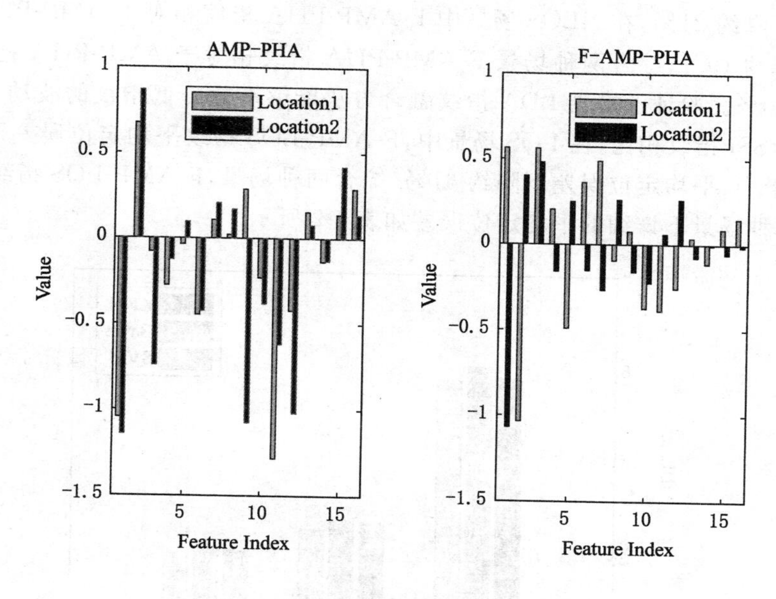

图 4-6 不同位置处两种指纹对比

图 4-7中可以看出，对于 F-AMP-PHA 指纹，90%的标准差小于 0.2，而对于 AMP-PHA 指纹，标准差小于 0.2 的部分只占到 30%。由此可以看出，相比于 AMP-PHA 指纹，经模糊 LDA 处理后的 F-AMP-PHA 指纹更为稳定。

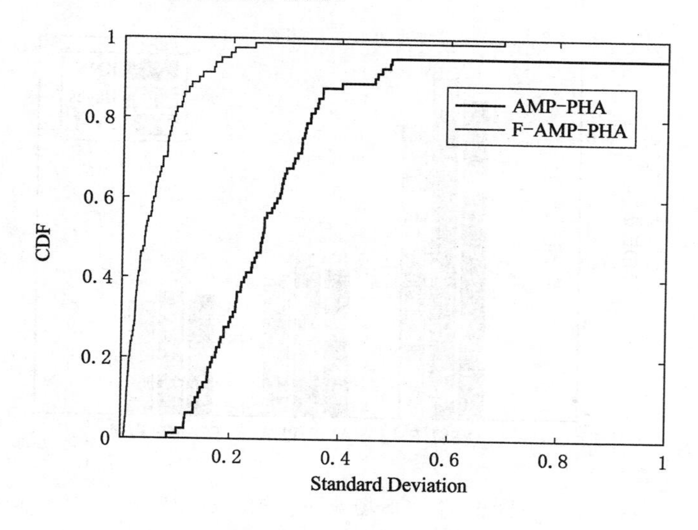

图 4-7 标准差累计分布曲线

4.4.2 整体性能测试

本书在两种场景中，分别测试了 RSSI 指纹，AMP-PHA 指纹和 F-AMP-PHA 指纹定位性能，在测试过程中选择使用两个 AP 来生成位置指纹，测试结果如图 4-8 和图 4-9 所示。从图 4-8 和图 4-9 可以看出，在 LOS 场景下 F-AMP-PHA 指纹相对于 AMP-PHA 指纹平均定位误差下降约 21%，在 NLOS 场景中 F-AMP-PHA 指纹相对于 AMP-PHA 指纹平均定位误差下降约 19%，综合两种场景 F-AMP-PHA 指纹相对于 AMP-PHA 指纹平均定位误差下降约 20%。验证了模糊 LDA 指纹融合方法能够有效降低指纹的波动，提高位置的分辨率。和 RSSI 指纹相比，在 LOS 场景中，F-AMP-LOS 指纹平均定位误差下降约 64%，在 NLOS 场景中，平均定位误差下降约 61%，综合两种场景，F-AMP-LOS 指纹平均定位下降约 62%，两种场景下详细的平均定位误差如表 4-2 所示。

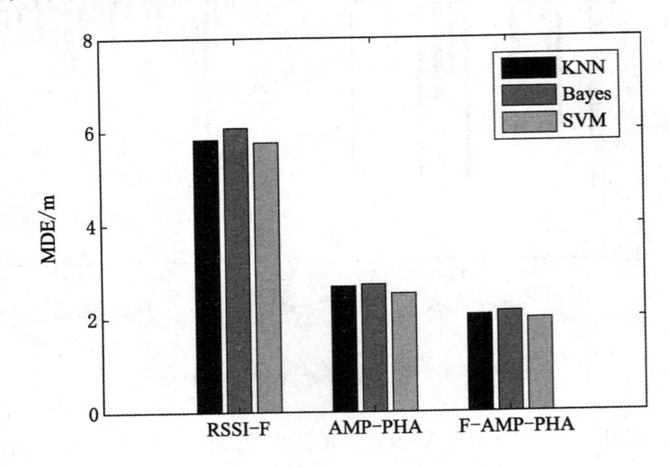

图 4-8　LOS 场景下平均定位误差

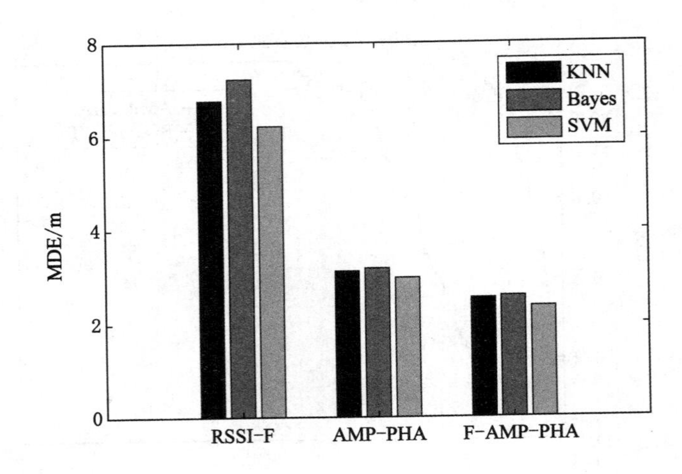

图 4-9　NLOS 场景下平均定位误差

表 4-2　两种场景下平均定位误差

测试场景	匹配算法	平均定位误差 MDE/m		
		RSSI-F	AMP-PHA	F-AMP-PHA
LOS 场景	KNN	5.83	2.68	2.06
	Bayes	6.08	2.72	2.13
	SVM	5.76	2.52	1.98

表 4-2(续)

测试场景	匹配算法	平均定位误差 MDE/m		
		RSSI-F	AMP-PHA	F-AMP-PHA
NLOS 场景	KNN	6.78	3.12	2.55
	Bayes	7.23	3.18	2.59
	SVM	6.23	2.98	2.37

4.4.3 不同 AP 数目对定位误差的影响

本书在两个场景中分别测试了不同 AP 数目参与生成指纹对平均定位误差的影响，在测试过程中，选取 AMP-PHA 和 F-AMP-PHA 为位置指纹，选取 KNN、Bayes 和 SVM 作为匹配算法，测试结果如图 4-10 和图 4-11 所示。从图中可以看出，在两种场景中，由单 AP 生成的 F-AMP-PHA 指纹的平均定位误差都要小于 AMP-PHA 指纹，这说明模糊 LDA 融合方法在维度较小的指纹中也能够实现对指纹波动的抑制作用。虽然 F-AMP-PHA 指纹在两种场景中平均定位误差都小于 AMP-PHA 指纹，然而，对比不同 AP 数目生成的在同一场景中的性能可以发现，相比于 AMP-PHA 指纹，F-AMP-PHA 指纹平均定位误差上升的要更多。以 SVM 为匹配算法为例，在 LOS 场景中，由两个 AP 生成的 AMP-PHA 指纹平均定位误差为 2.52 m，由单个 AP 生成的 AMP-PHA 指纹平均定位误差为 3.03 m，平均的定位误差上升 0.51 m，而 F-AMP-PHA 指纹，在双 AP 情形下平均定位误差为 1.98 m，在单 AP 情形下平均定位误差为 2.63 m，上升 0.65 m，大于 AMP-PHA 指纹的 0.51 m，这说明模糊 LDA 融合方法处理维度大的指纹效果要好于处理维度小的指纹，详细结果如表 4-3 所示。

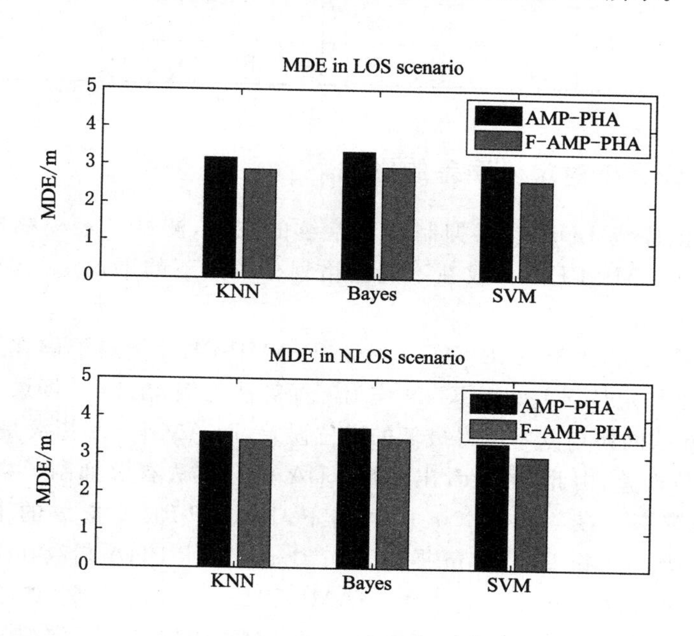

图 4-10 单 AP 情形下的平均定位误差

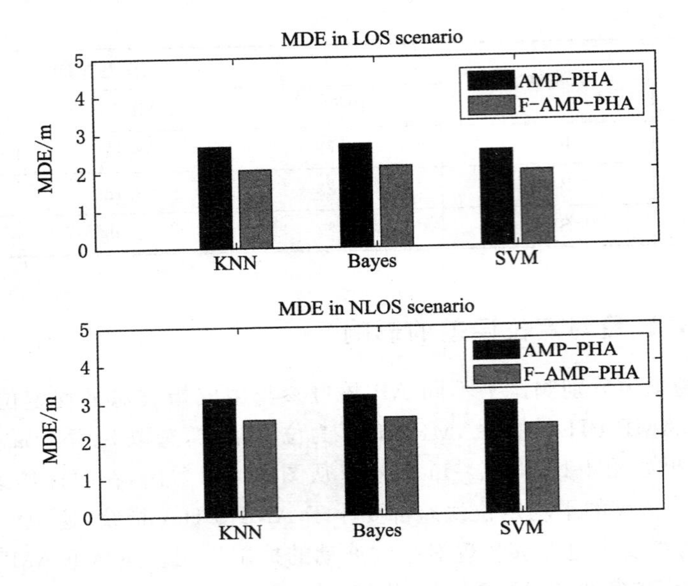

图 4-11　两个 AP 情形下的平均定位误差

表 4-3　两种场景中不同 AP 数目对应的定位误差

测试场景	AP 数目	KNN/m		Bayes/m		SVM/m	
		AMP-PHA	F-AMP-PHA	AMP-PHA	F-AMP-PHA	AMP-PHA	F-AMP-PHA
LOS 场景	1	3.17	2.87	3.35	2.95	3.03	2.63
	2	2.68	2.06	2.72	2.13	2.52	1.98
NLOS 场景	1	3.58	3.38	3.71	3.44	3.33	2.99
	2	3.12	2.55	3.18	2.59	2.98	2.37

4.4.4　网格划分大小对定位误差的影响

本书为了验证模糊 LDA 能够抑制位置指纹的波动，测试了经模糊FLDA处理后 F-AMP-PHA 指纹和 AMP-PHA 指纹在不同网格划分情形下的平均定位误差，测试结果如图 4-12和图 4-13 所示。

从图中可以看出，相比于 AMP-PHA 指纹，F-AMP-PHA 指纹能够在更小的网格划分情况下取得更低平均定位误差。以 KNN 作为匹配算法为例，在 LOS 场景下，F-AMP-PHA 指纹在 2 m×2 m 的网格划分中取得最低的定位误差，而 AM-PHA 指纹是在 3 m×3 m 网格中取得最低定位误差，由此，可以看出模糊 LDA 融合方法有效抑制了指纹的波动，提高了指纹的位置分辨率。在 4 m×4 m 的网格下，F-AMP-PHA 指纹的平均定位误差为 2.57 m，比最低平均定位误差 2.06 m 提高了 0.51 m，AMP-PHA 指纹在 LOS 场景下最高和最低平均误差的差值为 0.13 m，小于 F-AMP-PHA 指纹的 0.51 m，这说明，F-AMP-PHA 指纹对网格尺寸更敏感，距离分辨率要高于 AMP-PHA 指纹，详细测试结果如表 4-4 所示。

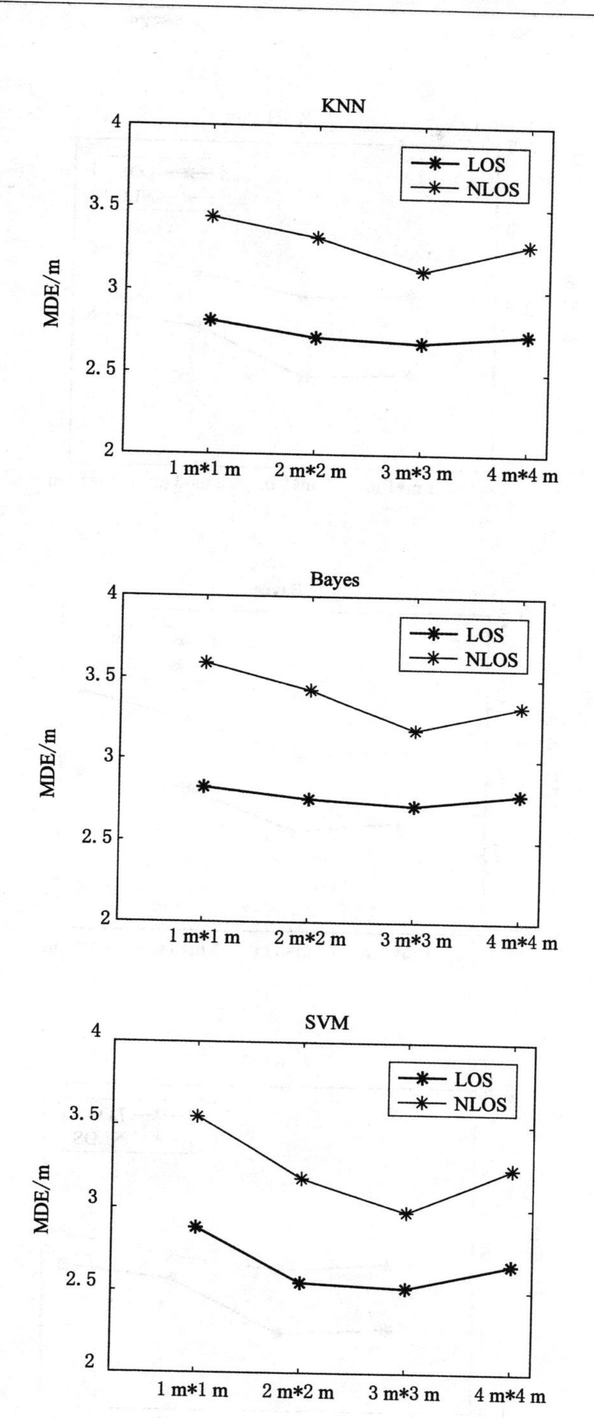

图 4-12 不同网格大小情况下的 AMP-PHA 指纹的平均定位误差

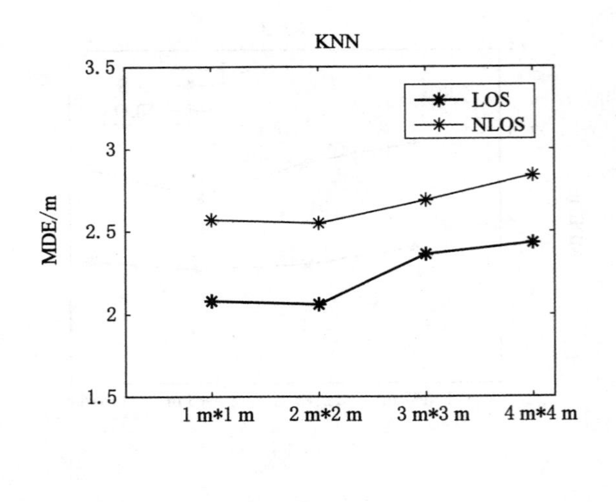

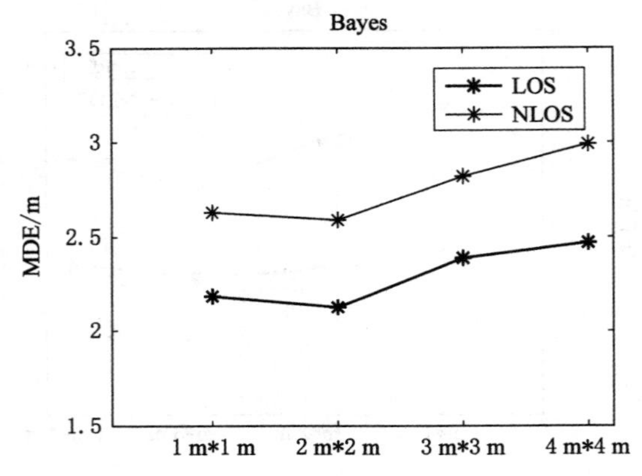

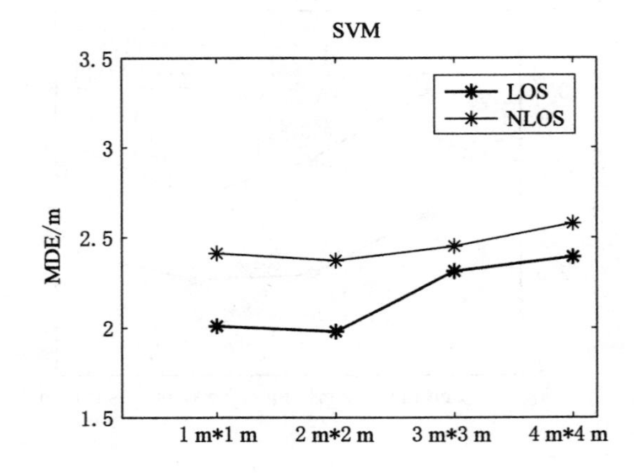

图 4-13　不同网格大小情况下的 F-AMP-PHA 指纹的平均定位误差

表 4-4 两种场景中不同网格大小对应的定位误差

测试场景	网格大小/m×m	KNN/m		Bayes/m		SVM/m	
		AMP-PHA	F-AMP-PHA	AMP-PHA	F-AMP-PHA	AMP-PHA	F-AMP-PHA
LOS 场景	1×1	2.81	2.08	2.83	2.19	2.88	2.01
	2×2	2.71	2.06	2.76	2.13	2.55	1.98
	3×3	2.68	2.36	2.72	2.39	2.52	2.31
	4×4	2.73	2.43	2.79	2.47	2.66	2.39
NLOS 场景	1×1	3.44	2.57	3.59	2.63	3.55	2.41
	2×2	3.32	2.55	3.43	2.59	3.18	2.37
	3×3	3.12	2.69	3.18	2.82	2.98	2.45
	4×4	3.28	2.84	3.33	2.99	3.24	2.58

4.4.5 不同降维算法对定位误差的影响

本书提出的指纹融合方法可以理解为一种降维算法，因此分别在两种场景下对比测试了主成分分析方法和 LDA 等降维算法对定位误差的影响。由于不同降维方法降维结果不同，因此，在测试过程中选择相同的累计贡献率（90%）作为每种降维算法的最终输出，将经过 PCA 处理后的指纹命名为 P-AMP-PHA，将 LDA 处理后的指纹名为 L-AMP-PHA，测试结果如图 4-14 和图 4-15 所示。

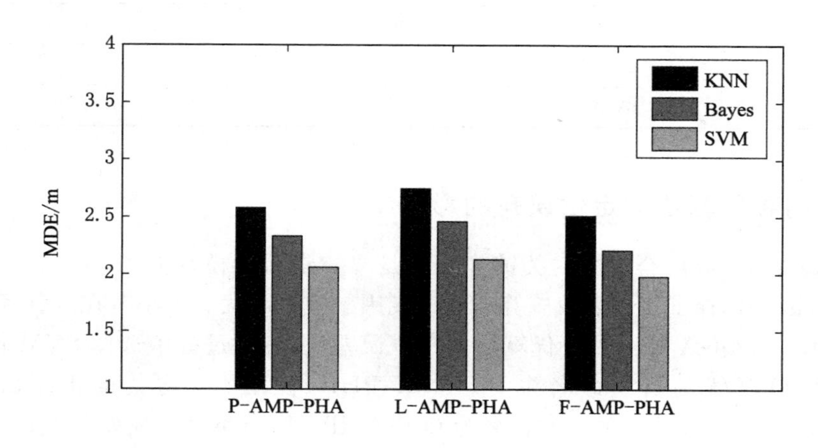

图 4-14 LOS 场景下三种指纹的平均定位误差

对比三种指纹在 LOS 和 NLOS 场景的中的平均定位误差可以看出，经过本书提出模糊 LDA 指纹融合方法处理后，指纹平均定位误差最低，其次是经过 LDA 处理的指纹，而 PCA 处理的指纹平均定位误差最高。这主要是由于 PCA 对指纹数据处理过程中只是根据数据的方差选择最佳投影方向，而忽略了数据的类别即指纹所在的网格号对投影方向的影响；而 LDA 算法虽然考虑到了数据类别，然而在处理指纹的过程中，对每个指纹样本采用相同的权重，忽略了不同指纹样本对指纹中心点的影响不同，所以，经过 PCA 和 LDA 处理后的指纹平均定位误差要高于本书提出的模糊 LDA 方法，详细的测试结果如表 4-5 所示。

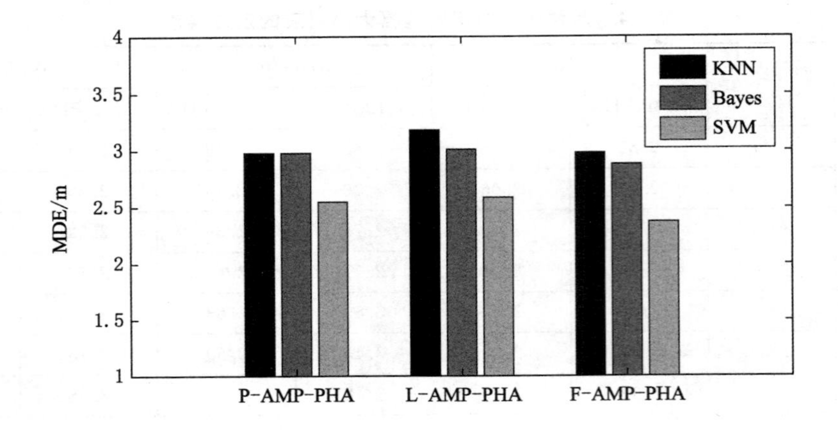

图 4-15　NLOS 场景下三种指纹的平均定位误差

表 4-5　两种场景中不同指纹对应的定位误差

测试场景	匹配算法	平均定位误差 MDE/m		
		P-AMP-PHA	L-AMP-PHA	F-AMP-PHA
LOS 场景	KNN	2.58	2.33	2.06
	Bayes	2.75	2.46	2.13
	SVM	2.51	2.21	1.98
NLOS 场景	KNN	2.98	2.98	2.55
	Bayes	3.18	3.01	2.59
	SVM	2.98	2.88	2.37

4.4.6　不同寻优算法对定位误差的影响

模糊 LDA 的指纹融合方法的关键步骤就是寻找最后的模糊因子，由于优化函数无法求得闭合解，因此选择了使用启发式算法对模糊因子进行寻优。本小节在两种场景中，分别测试了 PSO，GA，QGA 等三种寻优算法的定位误差，在测试过程中选择 SVM 作为匹配算法，将使用 PSO 寻优的指纹命名为 P-F-AMP-PHA，使用 GA 寻优的指纹命名为 G-F-AMP-PHA，使用 QGA 寻优的指纹命名为 Q-F-AMP-PHA，测试结果如图 4-16 所示。

从图中可以看出，相比于其他两种寻优算法，使用 QGA 寻优的 Q-F-AMP-PHA 取得最低的平均定位误差。这主要是由于 QGA 中一个量子比特算法可以表示多个状态，不会像 GA 算法那样随着迭代次数增加，用于寻优的种群不断减少，从而影响寻优的效果；而且 QGA 通过设置解的控制概率，最小化个体之间的联系，因而不会像 PSO 一样受全局共享信息的影响易陷入局部最优。所以，相比于其他两种寻优算法，QGA 更适合用于寻找最佳模糊因子。

4.4.7　三种寻优算法收敛时间比较

在同一场景中，随着网格尺寸变小，网格数目就会增多，模糊因子的数量也会呈几何增

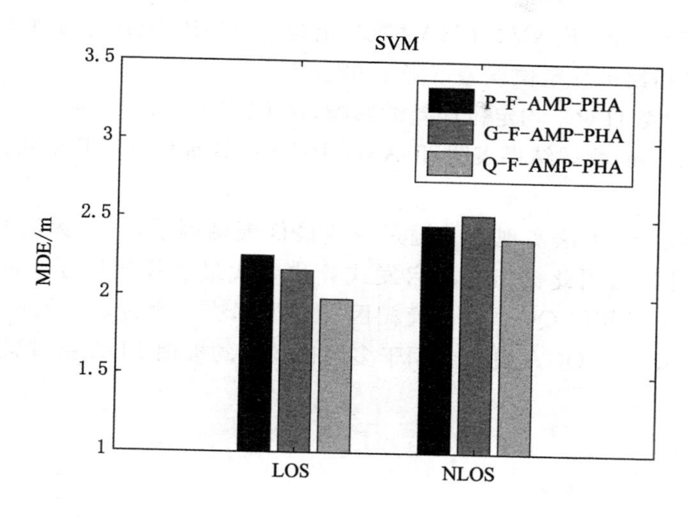

图 4-16　三种寻优算法在两种场景中的平均定位误差

长，寻找最佳模糊因子的收敛时间也会变长，因此本小节测试了三种寻优算法在不同网格数目下收敛时间的变化情况，在测试过程中，每个位置的样本数为 50，测试使用的计算机的核心参数为 i7 CPU，4G 内存，运行程序为 MATLAB 2017 版，测试结果如表 3-10 所示。从表中可以看出，当网格数目较少时三种寻优算法收敛时间相近，当网格数据增加到 40 时，QGA 的收敛时间已经小于其他两种寻优算法，而当网格数增加到 80 时，QGA 的收敛时间要比其他两种寻优算法收敛时间快一倍多，这主要是因为 QGA 中的量子比特拥有叠加特性，每个染色体可以通过多种方法进行求解，所以，只需要很少的群体就能够完成寻优过程。而在井下巷道中，实际划分的网格数要远远大于 80，因此本实验从时间效率上进一步验证了 QGA 寻优算法更适合用于模糊 LDA 参数寻优，详细测试结果如表 4-6 所示。

表 4-6　两种场景中不同寻优算法的收敛时间

网格数	收敛时间/s		
	PSO	GA	QGA
10	0.25	0.17	0.21
20	0.46	0.41	0.44
40	16.15	12.05	10.93
80	488.66	477.42	212.24

4.5　本章小结

在本小节中首先研究找出影响精细化网格划分的原因，结合 FCM 和 LDA 算法的优点，提出了模糊 LDA 指纹融合方法，利用模糊因子来抑制指纹的波动，从而提高位置的可分辨性。将利用模糊 LDA 指纹融合方法处理后的指纹命名为 F-AMP-PHA。通过在 LOS

和 NLOS 场景中实验验证，F-AMP-PHA 指纹，相对于 AMP-PHA 指纹平均定位误差下降 20%，相对于 RSSI 指纹平均定位误差下降了 62%。

测试了不同 AP 数目对平均定位误差的影响，在 LOS 和 NLOS 场景中最低定位误差分别为 1.98 m 和 2.37 m，测试结果表明，F-AMP-PHA 指纹能够在 AP 带状分布的场景中实现高精度定位。

模糊 LDA 指纹融合方法实现的关键是寻找最优模糊因子，由于无法通过求闭合解的方式获取最优模糊因子，因此提出利用启发式算法寻找最优模糊因子，在分析 PSO，GA，QGA 的基础上，提出了使用 QGA 作为模糊因子寻优算法。通过对比实验，本书从准确度和效率两个层面上验证了 QGA 更适合用于多网格场景的模糊 LDA 指纹融合方法寻优。

5 基于时差长短期记忆网络的序列指纹匹配方法

5.1 引言

指纹定位方法中，一般认为位置指纹不会随时间发生变化，因此常使用单个指纹来描述位置（如图 5-1 中多次测量指纹的均值），然而在实际中位置指纹是随时间发生变化的，图 5-1 为 10 min 内，位置指纹随时间变化的情况，因此，单个指纹并不能准确对位置进行描述，为了能够提高描述的准确性，在本章将使用序列指纹代替单个指纹来对位置进行描述。然而，KNN，Bayes 和 SVM 等传统指纹匹配方法，只是一种浅层的模型，不能有效表征指纹特征与位置之间复杂的映射关系，并且不擅长处理序列数据。深度学习作为机器学习的一个特殊分支，具备从数据样本中自动获取特征的能力，特别擅长处理高维度序列数据。因此，在本章中，将单个指纹转变成序列样本指纹，并针对可变长度序列提出了基于时差的长短期记忆网络作为序列指纹匹配算法，最后通过实验验证了该方法能够有效提升定位性能。

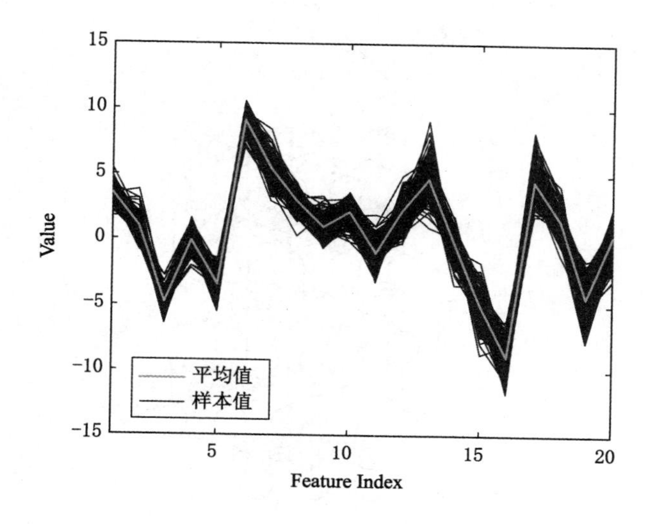

图 5-1 位置指纹随时间变化

5.2 深度学习

深度学习是一种多层的神经网络模型，作为机器学习近年来兴起的大热领域，具有模拟人类大脑进行学习的能力。深度学习与浅层学习的区别，除了结构上的多层次之外，更多在于深度学习明确强调了特征学习的重要性，也就是说，通过逐层特征变换，将原空间内样本的特征表示变换到一个新的特征空间，从而使分类或预测更加容易，避免了人为选择的主观性[143-145]。

如图 5-2 所示，深度学习是一种多层网络架构，分为输入层、隐藏层和输出层。每一层内都包含多个节点，同一层的节点之间无任何连接，不同层的节点之间相互连接。网络模型的训练主要是指网络各层间连接权重的训练，传统神经网络是随机设置网络权重，再通过比较输出值和目标值之间差异，利用反向传播来更新各层间节点连接的权重。而在深度学习网络中，网络权重的初值是通过自下而上的无监督学习得到的，因此获得权重接近于最优值[144]。然而，这种初始化方式会因每层节点复杂度不同使得学习速率差异过大，降低了深度学习的效率。在 2006 年，多伦多大学学者 Geoffrey Hinton 在 *Science* 上发表了一篇文章，通过引入逐层初始化、自下而上的无监督训练，结合自上而下的有监督微调，有效克服了深度神经网络在训练时存在的不同层学习速度差异过大的问题，使深度学习在目前的大多数应用中有着较大的优势。现阶段常用的深度学习网络主要有：深度前馈网络、霍普菲尔网络递归神经网络、长短期记忆网络、生成对抗网络、残差网络等。近些年来，随着 Tensorflow、Caffe 等计算平台的快速发展，深度学习已广泛应用于物体识别、自然语言处理、计算机视觉、机器人、自动车辆和人工智能游戏等领域[144]。

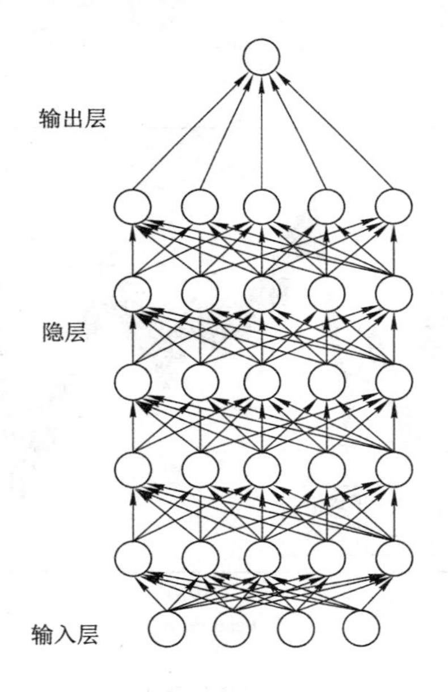

图 5-2 含多个隐层的深度学习模型

5.3　递归神经网络

在 20 世纪 80 年代后期，神经网络专家提出了一种能够处理时间序列的神经网络结构模型，即递归神经网络(Recurrent Neural Network，RNN)。这种网络的基本特征是在处理单元之间存在内部反馈连接和前馈连接。从系统的角度来看，它是一个反馈动态系统，它反映了计算过程中的动态特性，并且比前馈神经网络具有更强的动态行为和计算能力[146]。循环神经网络已成为世界神经网络专家的重要目标之一。

RNN 基本神经网络由输入层、隐藏层和输出层组成。输出层由激活函数控制，层通过“权值”连接。激活函数是预先确定的，神经网络模型通过训练获得的内容包含在“权值”中。底层神经网络仅在层之间建立加权连接，RNN 的显著特点是在层之间的神经元建立全连接。

图 5-3 是一个标准的 RNN 结构图，图中每个箭头代表一次变换，即箭头连接带有权值。左侧是折叠的情形，右侧是展开的情形，左侧中 h 旁边的箭头代表此结构中的“循环”体现在隐层。在标准 RNN 展开结构中，隐藏层的神经元也被加权，也就是说，随着序列的进行，先前的隐藏层将影响后面的隐藏层。在图中，o 表示输出，y 表示样本给出的确定值，L 表示损失函数，因此“损失”也随着序列长度不断累积。

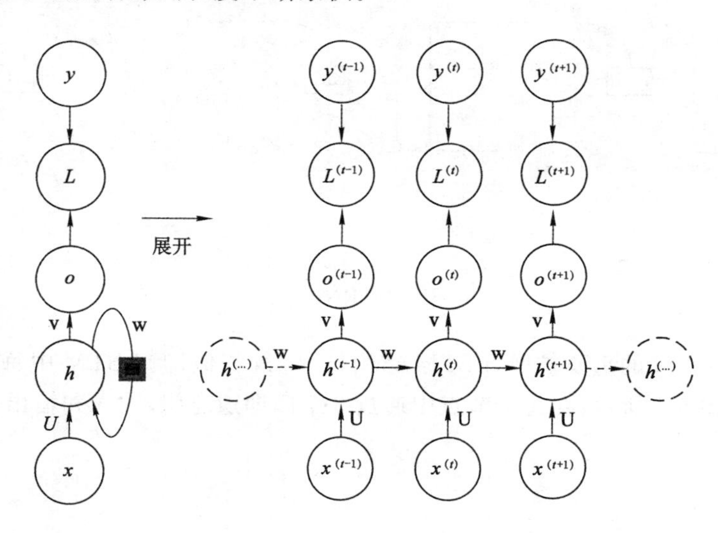

图 5-3　递归神经网络模型

递归神经网络是一种特殊的人工神经网络模型。与其他深度神经网络不同的是，RNN 在空间上并不“深”，最简单的 RNN 只有一个隐藏层。循环神经网络的最大特征网络的每一步都包含一个反馈连接，因此它可以在时间维度上进行扩展，在时间维度上形成一个“深度”神经网络。对于只有一个隐藏层的递归神经网络，可以用下列公式来描述：

$$h_1 = f_h(W_h \cdot x_t + U_t \cdot h_{t-1} + b_h) \tag{5-1}$$

$$y_t = f_0(W_0 \cdot h_t + b_0) \tag{5-2}$$

式中，x_t 和 y_t 分别表示第 t 步的输入和输出向量；h_t 表示隐藏层的向量；W，U 和 b 分别表示学习的权矩阵和偏移；f_h 和 f_o 是非线性函数，通常使用 tan h 或 softmax 函数。

RNN 由于其特殊的结构特点，非常适合用于序列信号的建模。理论上，最简单的 RNN 模型可以处理任意长度的序列信号。然而，积累会导致激活函数导数的累乘，进而会导致“梯度消失”和“梯度爆炸“现象的发生，为了解决这一问题，一般通过精心设计的单元节点来解决，常用的改进算法就是长短期记忆网络(Long Short-Term Memory，LSTM)。

5.4 长短期记忆网络

为了处理序列输入，研究者们提出了递归神经网络，利用递归层中的反馈环来解决长期依赖关系。然而，由于损失函数梯度的减小或爆炸导致 RNN 不能成功训练。针对上述问题，提出了 LSTM 结构，并在序列数据处理中得到了广泛的应用[147]。从上文中可以看到，RNN 是一种通过重复单元节点而形成的链式形式，RNN 的重复单元节点十分简单，如图 5-4所示，最简单的单元节点只有一个 tan h 层。

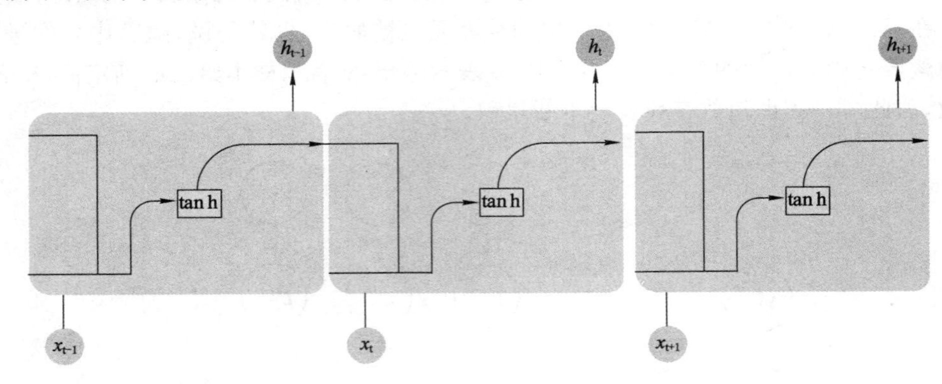

图 5-4 RNN 节点

LSTM 是 RNN 的重要扩展，LSTM 结构与 RNN 相似，但 LSTM 中每个单元节点要比 RNN 复杂，如图 5-5 所示：在每个节点中通过 3 个门即遗忘门，输入和输出门来实现数据的记忆和删除。

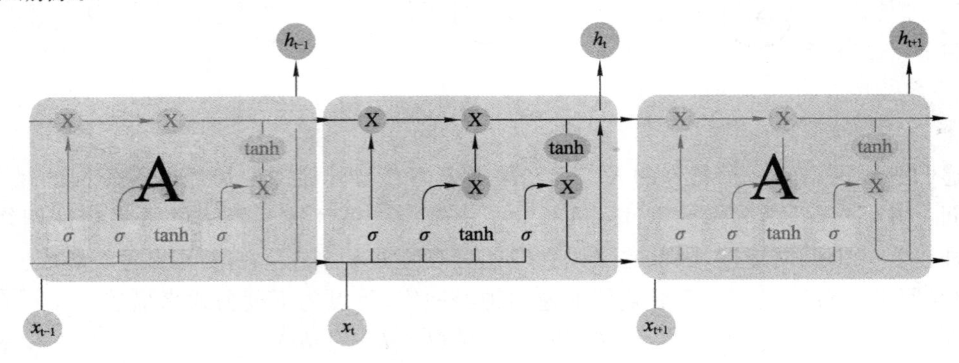

图 5-5 LSTM 节点

(1) 遗忘门:遗忘主要用来控制上一层数据保留情况,如式(5-3)所示:

$$F_t = \sigma(W_f \cdot [h_{t-1}, x_t] + b_f) \tag{5-3}$$

式中,h_{t-1}是上层节点的输出;x_t 是当前节点的输入;b_f 是添加的偏移量;W_f 是学习矩阵;σ 是 sigmod 函数,通过控制 σ 的大小来实现数据的遗忘程度。

(2) 输入门:输入门用来决定多少新信息加入当前节点中,输入门的实现主要分两步如式(5-4)和式(5-5)所示:

$$I_t = \sigma(W_i \cdot [h_{t-1}, x_t] + b_i) \tag{5-4}$$

$$C_t = F_t \cdot C_{t-1} + I_t \cdot \tan h(Wc_i \cdot [h_{t-1}, x_t] + b_c) \tag{5-5}$$

C_{t-1}是上一个节点的状态,C_{t-1}的取值范围是 0 到 1,其中 1 表示完全保留,0 表示彻底遗忘。输入门首先是通过 sigmod 函数获取需要更新的信息 I_t,然后再把与遗忘门相乘的旧信息与需要更新的新信息 I_t 相结合,得到该节点的新状态 C_t。

(3) 输出门:输出门主要是通过两个函数来控制最后的输出值,如式(5-6)和式(5-7)所示。σ 用来确定节点的哪个部分状态被输出,tan h 函数对输出状态进行归一化,再通过与输出数据 O_t 相乘确定最终输出的数据。

$$O_t = \sigma(W_o \cdot [h_{t-1}, x_t] + b_o) \tag{5-6}$$

$$h_t = O_t \cdot \tan h(C_t) \tag{5-7}$$

最后用 $f_{\text{LSTM}}(*)$表示 LSTM 单元的传递函数。在时间步骤 t 上计算输出时,使用的信息是既包含时间步骤 t 的输入向量,也包括在前一个 $t-1$ 时刻存储在单元格中的信息。因此,时间步骤 t 的输出可以写为:

$$y_t = f_{\text{LSTM}}(x_t \mid x_1, x_2, \cdots, x_{t-1}) \tag{5-8}$$

5.5 时差长短期记忆网络

将单个指纹转换成序列指纹时,可能会出现不同长度的序列指纹。从上文可知,尽管 LSTM 中的遗忘门能够控制网络记忆长度,解决时间序列的相互依赖,然而对于动态时间序列,遗忘门是无法完全解决时间序列的依赖关系。因此提出了基于时间差的长短时记忆网络(Temporal Difference LSTM,TD-LSTM)来解决动态时间序列中的依赖问题。TD-LSTM 模块如图 5-6 所示。TD-LSTM 模块可以具有 n 个 LSTM 网络层,每一层具有 w 个 LSTM 节点,通过 TD 可以控制各层之间的长度差异。因此只要调整这 3 个参数就可以实现对动态时间序列数据的处理。

设 X_t 是 TD-LSTM 的输入,D_l 是它的差分偏移。此时输入门为:

$$I_t^n = \sigma(w_{ix}^n x_t^n + w_{ih}^n h_{t-1}^n + w_{ic}^n c_{t-1}^n + b_i^n) \tag{5-9}$$

$$C_t^n = f_t^n c_{t-1}^{l,n} + i_l^n \tanh(w_{cx}^n x_t^n + w_{ch}^n h_{t-1}^n + b_c^n) \tag{5-10}$$

遗忘门为:

$$F_t^n = \sigma(w_{fx}^n x_t^n + w_{fh}^n h_{t-1}^n + w_{fc}^n c_{t-1}^n + b_f^n) \tag{5-11}$$

输出门为:

$$O_t^n = \sigma(w_{ox}^n x_t^n + w_{oh}^n h_{t-1}^n + w_{oc}^n c_{t-1}^n + b_o^n) \tag{5-12}$$

$$h_t^n = O_t^n \tan h(C_t^n) \tag{5-13}$$

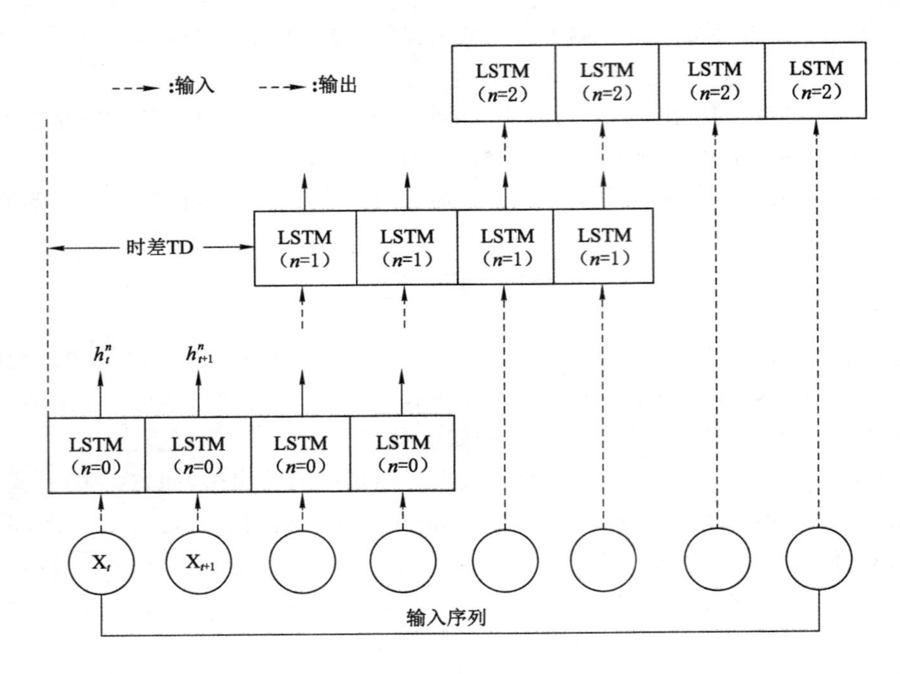

图 5-6　TD-LSTM 模块

其中，$\sigma(\cdot)$是 sigmoid 函数，在式(5-9)～(5-12)中，矩阵 $w_{m,n}^{n}$ 为 TD-LSTM 中第 n 个 LSTM 到第 m 个 LSTM 的连接权重。

5.6　基于时差长短期记忆网络指纹定位系统框架

本书利用 TD-LSTM 处理序列数据的优势，结合 CSI 幅相指纹构建方法以及基于模糊 LDA 指纹融合方法，建立 TL-F-AMP-PHA 指纹定位系统，定位系统的框架如图 5-7 所示，详细实现方法如下：

(1) 网格划分：将定位场景按照预制的网格尺寸进行网格划分，然后将划分后的网格编号，并记录网格中心点的坐标。

(2) 离群点剔除：利用第 3 章使用的 Hampel 滤波器去除采集到的 CSI 数据中的离群点。

(3) 信号去噪：将 CSI 数据拆分成 CSI 幅度和 CSI 相位，利用第 3 章提出的多种滤波器法以及线性变换法，分别对 CSI 幅度信号和 CSI 相位信号进行去噪。

(4) 指纹构造：将去噪后的 CSI 幅度和 CSI 相位，利用第 3 章设计的幅度指纹和相位指纹构造方法，分别构造出 CSI 幅度和相位指纹，然后将 CSI 幅度指纹和相位指纹结合在一起。

(5) 指纹融合：利用第 4 章提出的模糊 LDA 指纹融合方法，对上一步生成的 CSI 幅相指纹进行融合。然后将每个网格融合后的指纹汇聚在一起，形成指纹数据库。

(6) 匹配模型训练：利用上一步形成的指纹数据库，完成对 TD-LSTM 网络的训练，利用训练后的 TD-LSTM 模型实现对在线预测阶段位置指纹的识别。

（7）位置预测：将待测位置处的指纹，放入上一步训练好的 TD-LSTM 模型中，通过指纹库对比，输出预测的网格号，最后将预测网格的中心点坐标作为待测位置的坐标。

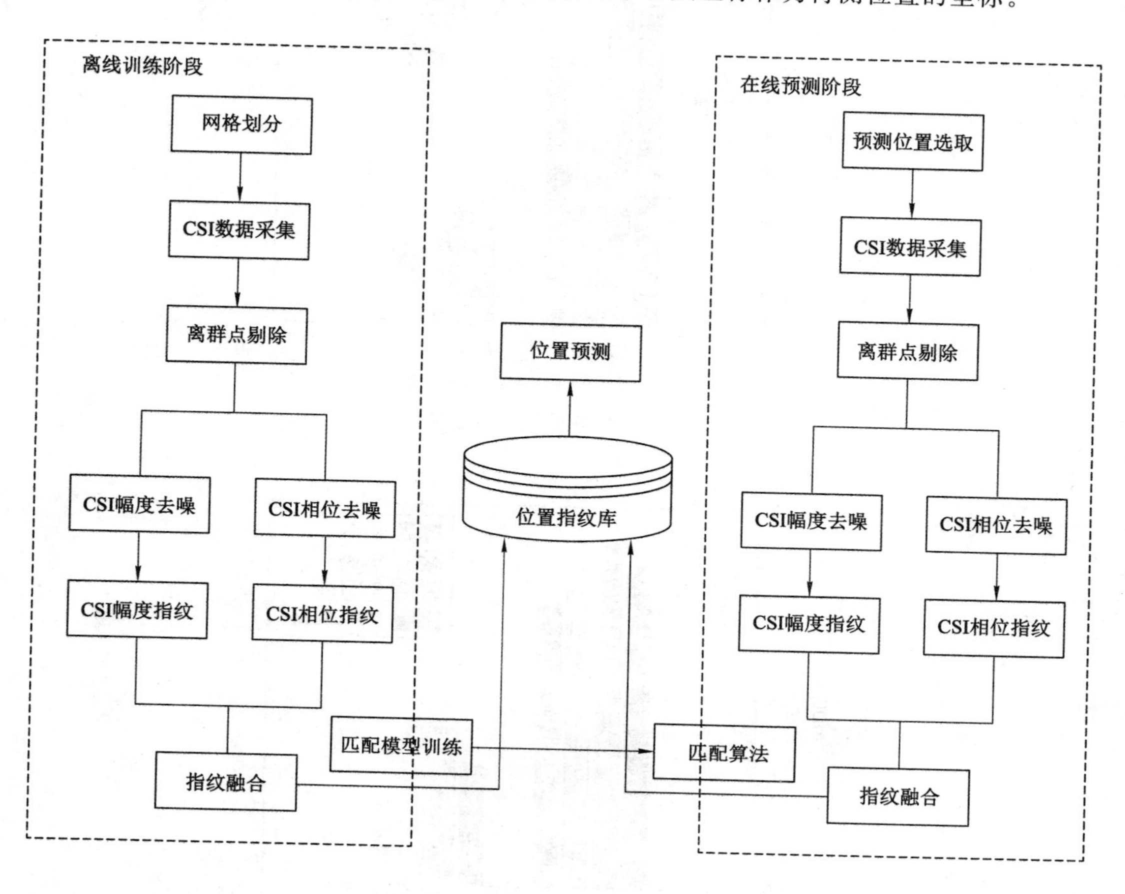

图 5-7　TL-F-AMP-PHA 指纹定位系统框架

5.7　实验分析

本章实验设备和场景与第 3 章相同，分别在 LOS 场景和 NLOS 场景进行测试。在测试过程中将经过模糊 LDA 融合方法处理后的幅相指纹命名为 F-AMP-PHA 指纹，使用 KNN，Bayes 和 SVM 和 LD-LSTM 作为指纹匹配算法，选择平均定位误差作为性能指标。

5.7.1　整体性能测试

本书在 LOS 和 NLOS 两种场景中，分别测试 F-AMP-PHA 指纹定位性能，在测试过程中选择使用两个 AP 生成位置指纹，当使用 KNN，Bayes 和 SVM 做匹配算法时使用单个指纹，当使用 TD-LSTM 做匹配算法时使用序列指纹，测试结果如图 5-8 和图 5-9 所示。

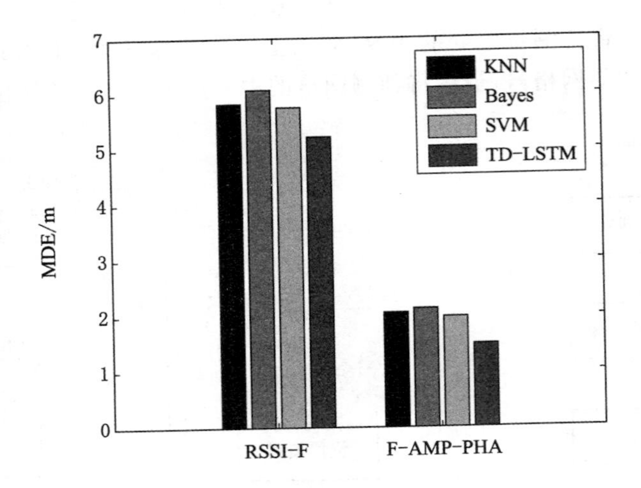

图 5-8　LOS 场景下平均定位误差

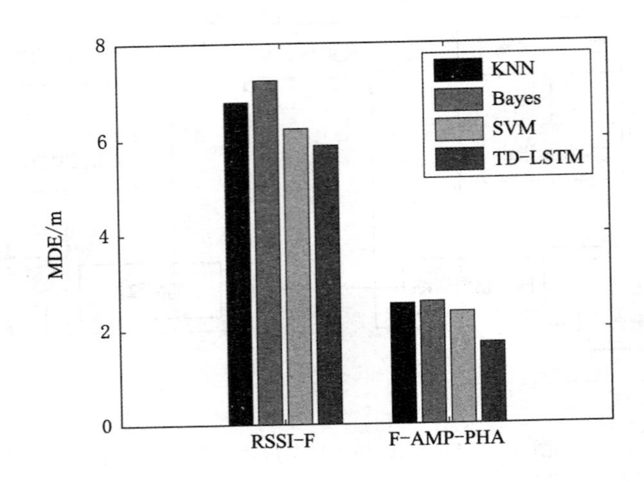

图 5-9　NLOS 场景下平均定位误差

从图 5-8 和图 5-9 可以看出，在 LOS 场景下，对于 F-AMP-PHA 指纹，相比于使用 SVM 作为匹配算法，使用 TD-LSTM 作为匹配算法的平均定位误差下降约 25%；而在 NLOS 场景中，平均定位误差下降约 27%，综合两种场景，平均定位误差下降约 26%。对比两个场景平均定位误差下降程度发现，在 NLOS 场景中，平均定位误差下降幅度要高于 LOS 场景，由此可以看出在传输路径波动比较大的场景中，序列指纹要比单个指纹对位置的描述更准确，更有利于区分不同位置。对于 RSSI 指纹，TD-LSTM 匹配算法在 LOS 场景下平均定位误差下降约 74%，在 NLOS 场景中，定位误差下降约 72%，综合两种场景，平均定位误差下降约 73%。可以看出在两种场景下，F-AMP-PHA 作为位置指纹，TD-LSTD 作为匹配算法平均定位误差已经小于 2 m，能够满足大多数井下基于位置服务的应用对定位精度的需求，两种场景下详细的平均定位误差如表 5-1 所示。

表 5-1 两种场景下平均定位误差

测试场景	匹配算法	平均定位误差 MDE/m	
		RSSI-F	F-AMP-PHA
LOS 场景	KNN	5.83	2.06
	Bayes	6.08	2.13
	SVM	5.76	1.98
	TD-LSTM	5.23	1.48
NLOS 场景	KNN	6.78	2.55
	Bayes	7.23	2.59
	SVM	6.23	2.37
	TD-LSTM	5.88	1.71

5.7.2 不同指纹序列长度对定位误差的影响

本章将单个指纹变成序列指纹，不同指纹序列长度对定位精度也产生影响，因此，在两个场景中，分别测试了不同指纹序列长度下的平均定位误差，在测试过程中，使用 TD-LSTM 作为匹配算法，RSSI 和 F-AMP-PHA 作为位置指纹。测试结果如图 5-10 和图 5-11 所示。

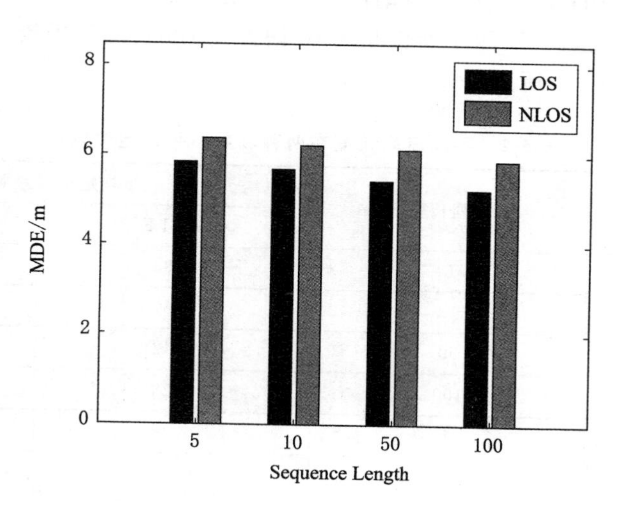

图 5-10 不同序列长度的 RSSI 指纹在两种场景下平均定位误差

从图中可以看出，在 LOS 场景下，无论是 RSSI 指纹还是 F-AMP-PHA 指纹的平均定位误差都随着序列长度的增加而减小。对于 RSSI 指纹由于其波动较剧烈，因此越长的序列越有利于位置描述，因此 RSSI 平均定位误差的下降趋势更明显。对于 F-AMP-PHA 指纹，序列长度的增加并没有显著降低定位误差，特别是在序列长度为 50 和 100 的情形，这两种序列长度下，F-AMP-PHA 指纹的平均定位误差几乎一样，这说明，F-AMP-PHA 指纹在 LOS 环境中比较稳定，只需要较短的序列就能够描述位置。而在 NLOS 场景中，对于 RSSI 指纹，序列长度的增加并没有带来平均定位误差的急剧下降(如序列长度从 5 增大到 50)，

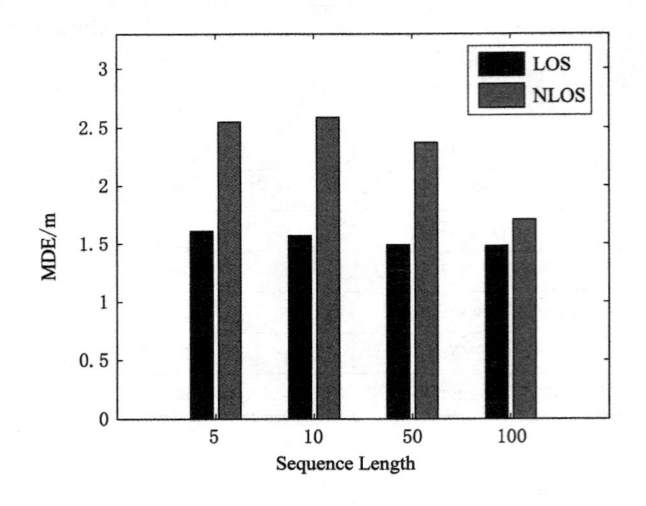

图 5-11　不同序列长度的 F-AMP-PHA 指纹在两种场景下平均定位误差

这主要是因为 RSSI 指纹在 NLOS 环境中十分不稳定，增加的序列长度也不能够充分描述位置信息。F-AMP-PHA 指纹由于波动性小于 RSSI 指纹，所以在 NLOS 环境中，增加序列长度能够明显降低定位误差(如序列长度从 10 增大到 100)，两种场景下不同序列长度详细的平均定位误差如表 5-2 所示。

表 5-2　不同序列长度在两种场景下平均定位误差

测试场景	序列长度	平均定位误差 MDE/m	
		RSSI-F	F-AMP-PHA
LOS 场景	5	5.83	1.61
	10	5.67	1.57
	50	5.42	1.49
	100	5.23	1.48
NLOS 场景	5	6.38	2.55
	10	6.22	2.59
	50	6.13	2.37
	100	5.88	1.71

5.7.3　不同累计贡献率对定位误差的影响

相对于 KNN，Bayes 和 SVM 等传统机器学习方法，TD-LSTM 作为深度学习的一种改进方法，能够深层挖掘数据的特征。因此本章在两个场景中，分别测试了不同累计贡献率对定位误差的影响。在测试过程中选择不同累计贡献率 F-AMP-PHA 作为指纹，使用 SVM 和 TD-LSTM 作为匹配算法，测试结果如图 5-12 和图 5-13 所示。

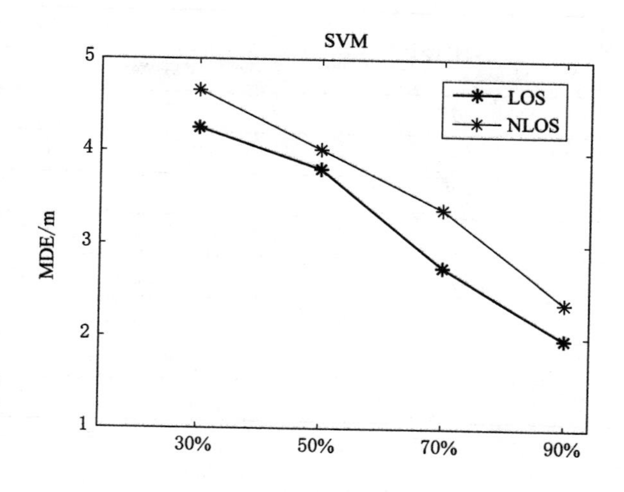

图 5-12 SVM 为匹配算法下不同累计贡献度在两种场景下平均定位误差

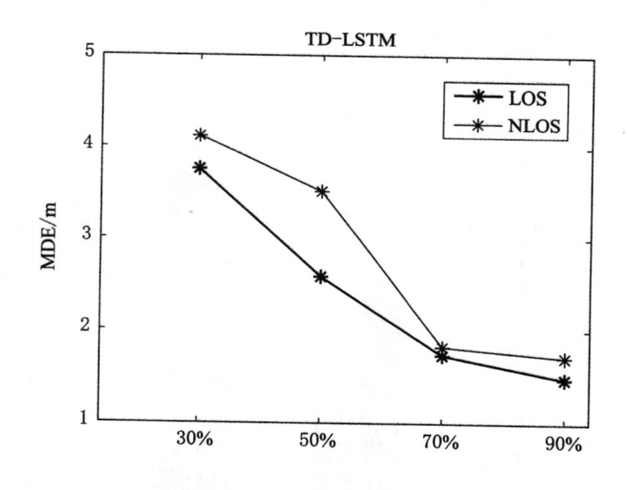

图 5-13 TD-LSTM 为匹配算法下不同累计贡献度在两种场景下平均定位误差

从上图可知，在两种场景下，随机累计贡献度变大，平均定位误差在逐渐减小。这主要是由于累计贡献度在某种程度上代表数据的还原程度，因此累计贡献度越高说明越接近原始数据，从而指纹的可分辨性也得到提高。对于使用 SVM 作为匹配算法，可以看出在两种场景下，平均定位误差随着累计贡献度变大几乎呈线性下降。这主要是由于 SVM 作为传统机器学习方法，无法进一步挖掘数据内部特征。而对于 TD-LSTM，当累计贡献度达到70%时，就几乎达到了最低平均定位误差，这说明，TD-LSTM 能够深度挖掘数据特征，可以用较低的替代率来实现原始数据的效果，两种场景下不同累计贡献度的详细平均定位误差如表 5-3 所示。

表 5-3 不同累计贡献率在两种场景下平均定位误差

测试场景	序列长度	平均定位误差 MDE/m	
		SVM	TD-LSTM
LOS 场景	30	4.25	3.76
	50	3.81	2.58
	70	2.75	1.73
	90	1.98	1.48
NLOS 场景	30	4.66	4.12
	50	4.02	3.52
	70	3.38	1.82
	90	2.37	1.71

5.7.4 不同 AP 数目对定位误差的影响

本书在两个场景中分别测试了不同 AP 数目参与生成指纹对平均定位误差的影响，在测试过程中，选取 F-AMP-PHA 为位置指纹，选取 SVM 和 TD-LSTM 为匹配算法，测试结果如图 5-14 和图 5-15 所示。

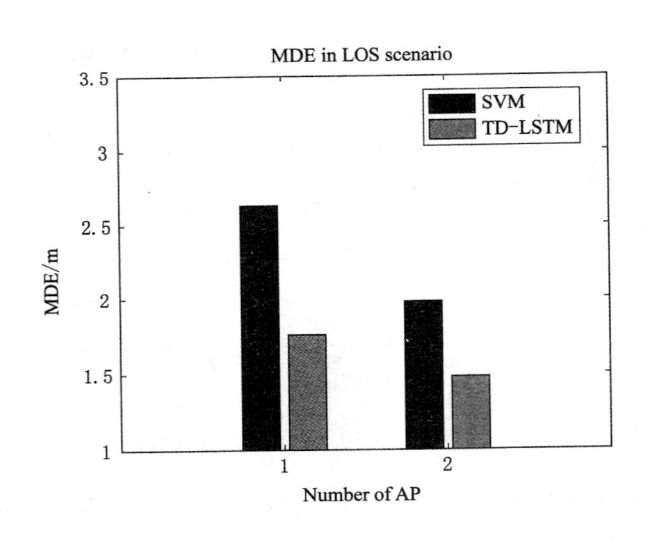

图 5-14 单 AP 情形下的平均定位误差

从图中可以看出，在单 AP 情形下，使用 TD-LSTM 作为匹配算法的平均定位误差要小于使用 SVM 作为匹配算法，这进一步说明了相比于 SVM，TD-LSTM 能够更进一步挖掘指纹特征，使得指纹特征对位置描述更准确。对于使用 SVM 作为匹配算法，在单 AP 时平均定位误差为 1.76 m，使用双 AP 时，平均定位误差为 1.48 m，上升 0.28 m，小于使用 SVM 时的 0.65 m，这主要是由于序列指纹要比单个指纹对位置描述得更准确，因此，即使在较小

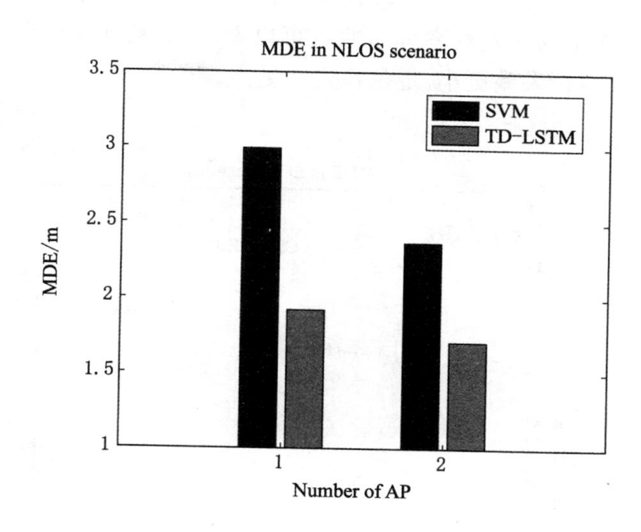

图 5-15　两个 AP 情形下的平均定位误差

的特征维度，使用序列指纹更有利于位置区分。从测试结果可以看出，即使在单 AP 场景下，本书提出的定位方法，仍然能够分别在 LOS 场景和 NLOS 场景中，取得 1.76 m 和 1.92 m 的平均定位误差，由此可说明该定位方法能够适用于呈带状分布的井下 AP 部署场景，两种场景中不同 AP 数目对应的定位误差的详细测试结果如表 5-4 所示。

表 5-4　两种场景中不同 AP 数目对应的定位误差

测试场景	AP 数目	平均定位误差 MDE/m	
		SVM	TD-LSTM
LOS 场景	1	2.63	1.76
	2	1.98	1.48
NLOS 场景	1	2.99	1.92
	2	2.37	1.71

5.7.5　与其他定位方法对比

为了验证本书提出的定位方法性能，分别在 LOS 和 NLOS 两种场景中，与 CSI-MIMO、FIFS 等基于 CSI 指纹定位方法进行对比测试。图 5-16 和图 5-17 分别是在 LOS 和 NLOS 场景下的定位误差概率分布曲线。从图中可以看出，基于 CSI 的定位算法定位误差要远小于基于 RSSI 的定位方法。在 LOS 场景，FIFS 的定位误差 80%在 2.3 m 以内，50%在 2.1 m 以内，CSI-MIMO 的定位误差 80%在 2.2 m 以内，50%在 1.8 m 以内，而本书提出的定位方法的定位误差 80%在 1.5 m 以内，50%在 1 m 以内；在 NLOS 环境中，本书提出的定位方法的定位误差 80%在 1.7 m 以内，50%在 1.6 m 以内，而 CSI-MIMO 的定位误差

80%在 2.3 m 以内,50%在 2.1 m 以内,FIFS 的定位误差 80%在 3 m 以内,50%在 2.5 m 以内。通过对比两个场景的误差概率分布曲线可以看出,相比于 FIFS 和 CSI-MIMO 本书提出的指纹定位系统,定位误差更小,定位稳定性更高。

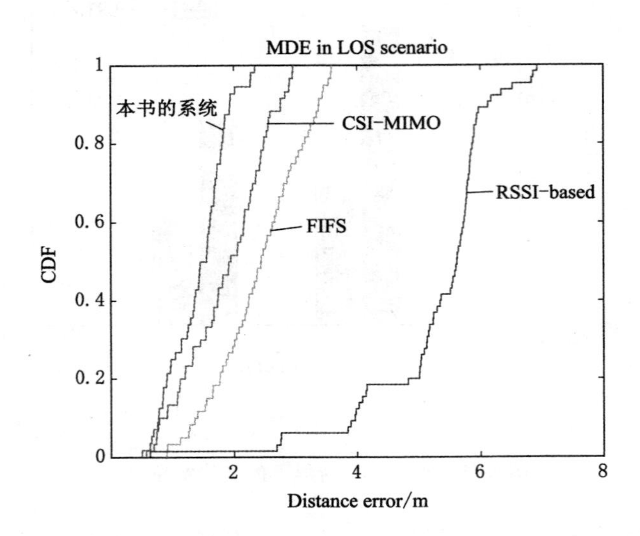

图 5-16　LOS 场景下定位距离误差概率累积分布

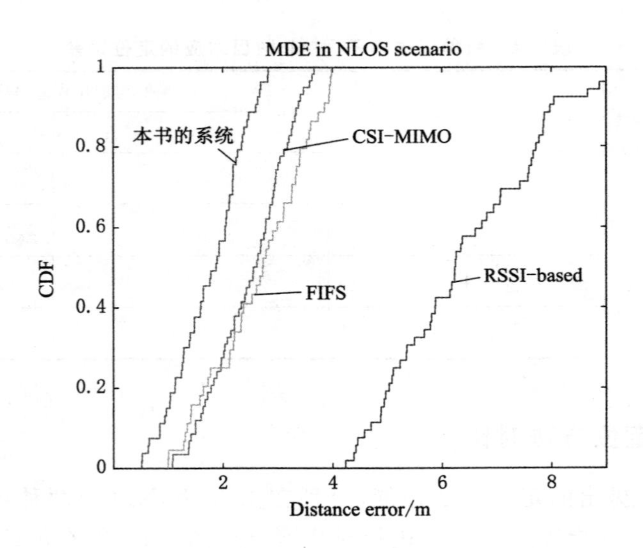

图 5-17　NLOS 场景下定位距离误差概率累积分布

5.8　本章小结

针对使用单一指纹对位置描述不准确问题，提出将单个指纹变成序列指纹对位置进行描述，并借助深度学习网络，针对可变长度序列提出了一种时差 LSTM 指纹匹配方法，通过结合 3、4 两章的指纹构造方法，提出了基于 TD-LSTM 的指纹系统，与 RSSI 指纹进行了对比实验。实验结果表明，相比于 RSSI 指纹定位方法，本书提出的指纹定位方法平均定位误差降低了 76%。然后通过实验测试了不同因素对平均定位误差的影响，最后通过与其他基于 CSI 的定位系统进行对比测试，验证了本书提出的定位系统不仅具备更高的稳定性，还具备更小的定位误差。

6 总结与展望

6.1 总结

指纹定位因其稳定性和易实现性一直是井下定位研究的热点。现阶段，井下指纹定位面临三个主要问题：① 缺少用于生成高精度指纹的特征；② 缺少适用于 AP 带状稀疏分布位置指纹；③ 单个指纹对位置描述不准确，本书主要是针对以上问题开展研究工作。

（1）分析井下影响定位的因素，从理论分析研究井下多径传输对信号强度值的影响，验证信号强度不适用于高精度指纹定位。提出将信道状态信息用于指纹构造，研究信道状态信息原理及相关技术，从理论推导出发建立基于信道状态信息的路径传输模型，为将信道状态信息用于构造指纹提供理论支撑，从模型验证实验说明相比于信号强度值，信道状态信息具备细粒度特性，可以从幅度和相位两个维度表现出不同位置的差异性，更适合用于井下高精度指纹定位。

（2）由于信道状态信息由幅度和相位两部分组成，针对幅度指纹，研究信息状态信息幅度特性，为了降低突发干扰和噪声等因素对幅度造成的影响，分析幅度噪声来源，使用 Hampel 滤波器滤除离群点，利用 PCA 降噪，利用阈值滤波来抑制多径对幅度的干扰，最后利用 MIMO 系统特性，以接收天线为单位对幅度信息进行细分和聚合，生成幅度指纹。针对相位指纹，首先研究分析造成相位测量误差的因素，提出一种线性变换算法，对相位误差进行处理；然后通过研究分析传输路径与信道状态信息幅度的关系，建立由子载波相位构造成的汉克尔矩阵，最后利用范德蒙德矩阵分解方法，对汉克尔矩阵进行分解，获取出路径的相对传输相位并将其用于幅度指纹构造。实验结果表明基于信道状态信息的指纹定位系统定位精度要优于基于信号强度值的指纹定位系统。

（3）为了进一步提高指纹定位精度，研究指纹定位中离线训练阶段网格划分对定位精度的影响，分析指纹特征波动和指纹均值对细化网格的影响。结合 FCM 算法和 LDA 算法的优点，提出一种基于量子遗传算法的模糊 LDA 指纹融合方法，该方法通过引入模糊因子实现对指纹特征波动的抑制。通过实验，验证了该方法能够有助于细化网格，提高指纹定位精度。

（4）针对单个指纹不能准确描述位置信息问题，提出将单一指纹变成序列指纹对位置进行描述，并借助深度学习网络，提出了一种针对可变长度序列 TD-LSTM 指纹匹配方法，实验结果表明 TD-LSTM 能够进一步提高定位精度。

综上所述，本书提出了幅度和相位指纹构造方法来实现高精度定位；为了进一步降低定位误差，提出基于量子算法优化的模糊 LDA 指纹融合方法，来抑制指纹特征波动；建立基于 TD-LSTM 的指纹匹配模型，提高模式识别方法对指纹的适应能力，形成了完整的基于信道状态信息的井下指纹定位方法体系。实验分析结果表明，本书提出的方法可以有效提高定位准确率，并具有较强的适应能力。

6.2 展望

本书针对基于 CSI 的指纹定位进行了研究，获得一些阶段性成果，但仍存在一些问题需要在继续探索，这些问题主要有：

（1）量化分解路径数目问题

在第 3 章构造 CSI 相位指纹时，由于受带宽限制，无法精确估计传输路径数目，只能通过经验时延获得传输路径的上限。因此，下一步将研究一种超分辨算法，实现在有限带宽下的路径数目准确分辨。

（2）量化网格大小问题

从本书研究可知网格大小是影响定位精度的关键因素，从本书实验可知在不同环境、不同指纹下合适的网格大小是不同的。因此，下一步将研究网格大小与环境以及指纹特征的关系，从而建立网格大小与环境以及指纹特征的模型。

（3）量化指纹序列长度问题

本书提出将使用单个指纹对位置描述转变成使用序列指纹来描述位置，从实验中发现在不同环境中，不同序列长度对位置描述的准确度也不同。因此，下一步将研究环境和序列长度的关系，建立相关模型，从而能够针对不同环境量化序列长度。

参考文献

[1] 肖新建，高虎，张有生. 2017年我国煤炭发展形势回顾及2018年展望与建议[J]. 中国能源，2018，40(1)：5-9.

[2] 赵英博. 华北地区煤电环保监管政策研究[D]. 哈尔滨：哈尔滨工程大学，2018.

[3] 申雪，刘驰，孔宁，等. 智慧矿山物联网技术发展现状研究[J]. 中国矿业，2018，27(7)：120-125.

[4] 赵彦如，苗炜丽. 一种基于RFID技术的矿井人员定位系统[J]. 自动化与仪器仪表，2018(1)：191-194.

[5] 霍振龙. 矿井定位技术现状和发展趋势[J]. 工矿自动化，2018，44(2)：51-55.

[6] 孙哲星. 煤矿井下人员精确定位方法[J]. 煤炭科学技术，2018，46(3)：130-134.

[7] 李涛，刘旭，邓帅，等. 井下无线定位系统综述[J]. 有色金属(矿山部分)，2018，70(5)：91-94.

[8] 吴畏，唐丽均，蒋德才. 一种矿用智能精确人员定位系统设计[J]. 工矿自动化，2017，43(5)：72-75.

[9] 候倍倍，宋玉龙，曹硕. 基于RSSI的偏移误差修正的井下定位算法[J]. 工矿自动化，2017，43(11)：63-69.

[10] 崔丽珍，王子琤，吴迪，等. 煤矿井下基于RSSI的多维标度定位算法[J]. 煤矿安全，2017，48(6)：108-111.

[11] 时志红. 煤矿井下人员定位系统研究与设计[J]. 煤炭与化工，2017，40(5)：142-144.

[12] 孙哲星. 基于时间测距的矿井人员定位方法研究[J]. 工矿自动化，2018，44(4)：30-33.

[13] 岳俊梅，彭新光，李庆义，等. 基于RSSI测距的煤矿井下定位研究[J]. 煤炭工程，2018，50(8)：122-125.

[14] 金曼曼，童敏明，王飞. 改进的三维加权质心定位算法[J]. 工矿自动化，2017，43(2)：44-48.

[15] 薛凯娟，樊智. 基于位置感知网络的井下人员定位研究[J]. 煤炭技术，2018，37(10)：275-277.

[16] 张传伟，蔡志泉. 基于RSSI算法的井下定位方法的改进[J]. 煤炭工程，2018，50(9)：15-17.

[17] 李论，张著洪，丁恩杰，等. 基于RSSI的煤矿巷道高精度定位算法研究[J]. 中国矿业大学学报，2017，46(1)：183-191.

[18] YI X, LIU Y, DENG L. A novel environment self-adaptive localization algorithm based on RSSI for wireless sensor networks[C]//2010 IEEE International Confer-

ence on Wireless Communications, Networking and Information Security. Beijing, China. IEEE, :360-363.

[19] ZHANG L,DING E J,HU Y J,et al. A novel CSI-based fingerprinting for localization with a single AP[J]. EURASIP Journal on Wireless Communications and Networking,2019,2019:51.

[20] 孙继平,李晨鑫.基于卡尔曼滤波和指纹定位的矿井 TOA 定位方法[J].中国矿业大学学报,2014,43(6):1127-1133.

[21] 李论,丁恩杰,郝丽娜,等.一种改进的煤矿井下指纹定位匹配算法[J].传感技术学报,2014,27(3):388-393.

[22] 李富贵,陈春旭,张雷,等.基于信号强度的煤矿井下全覆盖定位算法研究[J].煤矿机械,2015,36(3):246-250.

[23] 秦国威,孙新柱,陈孟元.基于 Wi-Fi 指纹的改进型室内定位算法研究[J].陕西理工大学学报(自然科学版),2018,34(3):28-34.

[24] 施涛涛,卢先领,于丹石.基于支持向量机的混合相似度室内指纹定位算法[J].计算机工程,2018,44(7):109-113.

[25] 王怡婷,郭红.基于层次聚类的 WiFi 室内位置指纹定位算法[J].福州大学学报(自然科学版),2017,45(1):8-15.

[26] PIRZADA N,NAYAN M Y,SUBHAN F,et al. Location fingerprinting technique for WLAN device-free indoor localization system[J]. Wireless Personal Communications, 2017,95(2):445-455.

[27] NOWAK T,HARTMANN M,TR? GER H M,et al. Probabilistic multipath mitigation in RSSI-based direction-of-arrival estimation[C]//2017 IEEE International Conference on Communications Workshops. Paris,France. IEEE, :1024-1029.

[28] XUE W X,HUA X H,LI Q Q,et al. A new weighted algorithm based on the uneven spatial resolution of RSSI for indoor localization[J]. IEEE Access,6:26588-26595.

[29] LEE S H,CHENG C H,LIN C C,et al. PSO-Based Target Localization and Tracking in Wireless Sensor Networks[J]. Electronics, 2023, 12(4): 905.

[30] 莫树培,唐琎,汪郁,等.基于聚类和 K 近邻算法的井下人员定位算法[J].工矿自动化,2019,45(4):43-48.

[31] LEE S M,MOON N. Location recognition system using random forest[J]. Journal of Ambient Intelligence and Humanized Computing,2018,9(4):1191-1196.

[32] FANG X M,JIANG Z H,NAN L,et al. Optimal weighted K-nearest neighbour algorithm for wireless sensor network fingerprint localisation in noisy environment[J]. IET Communications,2018,12(10):1171-1177.

[33]ZHENG Y, ZHOU Z, LIU Y. From RSSI to CSI: Indoor localization via channel response[J]. Acm Computing Surveys, 2013, 46(2): 1-32.

[34] HALPERIN D,HU W J,SHETH A,et al. Predictable 802. 11 packet delivery from wireless channel measurements[J]. ACM SIGCOMM Computer Communication Review,2010,40(4):159-170.

[35] MEI H F, LIU X H, XIA C Y, et al. RAPD: Robust and adaptive passive human detection using PHY layer information[C]//2017 IEEE 2nd Advanced Information Technology, Electronic and Automation Control Conference. Chongqing, China. IEEE, : 1472-1476.

[36] CHEN C, CHEN Y, HAN Y, et al. Achieving centimeter-accuracy indoor localization on WiFi platforms: a multi-antenna approach[J]. IEEE Internet of Things Journal, 2017, 4(1): 122-134.

[37] YANG G. WiLocus: CSI based human tracking system in indoor environment[C]//2016 Eighth International Conference on Measuring Technology and Mechatronics Automation (ICMTMA). Macao, China. IEEE, : 915-918.

[38] QIAN K, WU C S, YANG Z, et al. Widar: decimeter-level passive tracking via velocity monitoring with commodity Wi-Fi[C]//Proceedings of the 18th ACM International Symposium on Mobile Ad Hoc Networking and Computing. Chennai India. New York, NY, USA: ACM, 2017: 6.

[39] MAGHDID S A, MAGHDID H S, HMASALAH S R, et al. Indoor human tracking mechanism using integrated onboard smartphones Wi-Fi device and inertial sensors [J]. Telecommunication Systems, 2019, 71(3): 447-458.

[40] SHI S Y, SIGG S, CHEN L, et al. Accurate location tracking from CSI-based passive device-free probabilistic fingerprinting[J]. IEEE Transactions on Vehicular Technology, 2018, 67(6): 5217-5230.

[41] FANG J, WANG L, QIN Z Q, et al. LFC: Adaptive location-based CSI feedback compression for MU-MIMO networks[C]//2017 International Smart Cities Conference (ISC2). Wuxi, China. IEEE, : 1-5.

[42] WANG F G, RUAN L Z, WIN M Z. Location-aware network operation for cloud radio access network[C]//2017 IEEE International Conference on Acoustics, Speech and Signal Processing. New Orleans, LA, USA. IEEE, : 3714-3718.

[43] MINHAS U I, NAQVI I H, QAISAR S, et al. A WSN for monitoring and event reporting in underground mine environments[J]. IEEE Systems Journal, 2018, 12(1): 485-496.

[44] 朱光. 改进 RSSI 加权质心算法在井下人员定位中的应用研究[J]. 中国矿业, 2018, 27(12): 198-201.

[45] 赵彤, 李先圣, 张雷, 等. 煤矿井下节点合作加权质心定位算法[J]. 工矿自动化, 2018, 44(8): 32-38.

[46] VORONOV R, MOSCHEVIKIN A, SOLOVIEV A. Algorithm for smoothed tracking in underground local positioning system[C]//2018 International Russian Automation Conference (RusAutoCon). Sochi, Russia. IEEE, : 1-6.

[47] LI K S, WANG H, LI S N. A mobile node localization algorithm based on an overlapping self-adjustment mechanism[J]. Information Sciences, 2019, 481: 635-649.

[48] RU Y D. The personnel positioning method of underground coal mine[J]. Interna-

tional Journal of Oil,Gas and Coal Engineering,2018,6(3):34.

[49] 邢智鹏,李春文,陆思聪.基于LQI滤波与联合参数估计的井下人员定位算法[J].煤炭学报,2017,42(6):1628-1633.

[50] GUO X C,XIA P P. Mine personnel location system based on Internet of Things[J]. IOP Conference Series:Materials Science and Engineering,2018,439:032087.

[51] KAREGAR P A. Wireless fingerprinting indoor positioning using affinity propagation clustering methods[J]. Wireless Networks,2018,24(8):2825-2833.

[52] 王红军,周宇,王伦文.基于SVR-Kriging插值的矿井工人二维指纹定位数据库构建算法[J].电子与信息学报,2017,39(11):2571-2578.

[53] KIM Y,SHIN H,CHA H. Smartphone-based Wi-Fi pedestrian-tracking system tolerating the RSS variance problem[C]//2012 IEEE International Conference on Pervasive Computing and Communications. Lugano,Switzerland. IEEE,:11-19.

[54]SHEN G, CHEN Z, ZHANG P, et al. Walkie-Markie: Indoor pathway mapping made easy[C]// Presented as part of the 10th Symposium on Networked Systems Design and Implementation. 2013: 85-98.

[55] WANG H,SEN S,MARIAKAKIS A,et al. Demo:unsupervised indoor localization [C]//MobiSys '12:Proceedings of the 10th international conference on Mobile systems,applications,and services. 2012:499-500.

[56] BATAINEH S,BAHILLO A,D? EZ L E,et al. Conditional random field-based offline map matching for indoor environments[J]. Sensors (Basel,Switzerland),2016,16(8):E1302.

[57] JIANG Y F,XIANG Y,PAN X,et al. Hallway based automatic indoor floorplan construction using room fingerprints[C]//UbiComp '13:Proceedings of the 2013 ACM international joint conference on Pervasive and ubiquitous computing. 2013:315-324.

[58]HUANG C C, WANG Y S, HUANG W L, et al. Automatic landmark-based RSS compensation for device diversity in an indoor positioning system[J]. Proc. IEEE VTS APWCS, 2014: 1-5.

[59] CHANG K,HAN D. Crowdsourcing-based radio map update automation for Wi-Fi positioning systems[C]//GeoCrowd '14:Proceedings of the 3rd ACM SIGSPATIAL International Workshop on Crowdsourced and Volunteered Geographic Information. 2014:24-31.

[60] 吴静然,崔冉,赵志凯,等.矿井人员融合定位系统[J].工矿自动化,2018,44(4):74-79.

[61] 马京.基于指纹膜与航迹推算的煤矿井下人员定位技术研究[D].徐州:中国矿业大学,2017.

[62] 康瑞清.建筑物内复杂环境下的地磁场定位导航研究[D].北京:北京科技大学,2016.

[63] DING E J,LI X S,ZHAO T,et al. A robust passive intrusion detection system with commodity WiFi devices[J]. Journal of Sensors,2018,2018:1-12.

[64] ZHANG D Q,WANG H,WANG Y S,et al. Anti-fall:a non-intrusive and real-time

fall detector leveraging CSI from commodity WiFi devices[C]//Inclusive Smart Cities and e-Health,2015: 181-193.

[65] MAHMOOD KHAN U,KABIR Z,HASSAN S A. Wireless health monitoring using passive WiFi sensing[C]//2017 13th International Wireless Communications and Mobile Computing Conference (IWCMC). Valencia,Spain. IEEE,:1771-1776.

[66] LI H,YANG W,WANG J X,et al. WiFinger:talk to your smart devices with finger-grained gesture[C]//UbiComp '16:Proceedings of the 2016 ACM International Joint Conference on Pervasive and Ubiquitous Computing. 2016:250-261.

[67] ZHU H,XIAO F,SUN L J,et al. R-TTWD:robust device-free through-the-wall detection of moving human with WiFi[J]. IEEE Journal on Selected Areas in Communications,2017,35(5):1090-1103.

[68] ZHONG S X,HUANG Y Z,RUBY R,et al. Wi-Fire:device-free fire detection using WiFi networks[C]//2017 IEEE International Conference on Communications. Paris, France. IEEE,:1-6.

[69] WANG Y,LIU J,CHEN Y Y,et al. E-eyes:device-free location-oriented activity identification using fine-grained WiFi signatures[C]//MobiCom '14:Proceedings of the 20th annual international conference on Mobile computing and networking. 2014: 617-628.

[70] WANG W,LIU A X,SHAHZAD M,et al. Understanding and modeling of WiFi signal based human activity recognition[C]//MobiCom '15:Proceedings of the 21st Annual International Conference on Mobile Computing and Networking. 2015:65-76.

[71] ZHOU Z M,YANG Z,WU C S,et al. Omnidirectional coverage for device-free passive human detection[J]. IEEE Transactions on Parallel and Distributed Systems, 2014,25(7):1819-1829.

[72] ZHOU Z M,YANG Z,WU C S,et al. On multipath link characterization and adaptation for device-free human detection[C]//2015 IEEE 35th International Conference on Distributed Computing Systems. Columbus,OH,USA. IEEE,:389-398.

[73] QIAN K,WU C S,YANG Z,et al. PADS:Passive detection of moving targets with dynamic speed using PHY layer information[C]//2014 20th IEEE International Conference on Parallel and Distributed Systems. Hsinchu,Taiwan,China. IEEE,:1-8.

[74] ZHANG L Y,GAO Q H,MA X R,et al. DeFi:robust training-free device-free wireless localization with WiFi[J]. IEEE Transactions on Vehicular Technology,2018,67 (9):8822-8831.

[75] Touhidul Islam A Z M. Performance of wireless OFDM system with LS - interpolation-based channel estimation in multi-path fading channel[J]. International Journal on Computational Science & Applications,2012,2(5):1-10.

[76] WU C S,YANG Z,ZHOU Z M,et al. PhaseU:real-time LOS identification with WiFi [C]//2015 IEEE Conference on Computer Communications. Hong Kong, China. IEEE,:2038-2046.

[77] LIU Z J,WANG L,LIU W Y,et al. Human movement detection and gait periodicity analysis using channel state information[C]//2016 12th International Conference on Mobile Ad-Hoc and Sensor Networks (MSN). Hefei,China. IEEE,:167-174.

[78] TIAN Z,LI Z,ZHOU M,et al. PILA:sub-meter localization using CSI from commodity Wi-Fi devices[J]. Sensors (Basel,Switzerland),2016,16(10):E1664.

[79] BOURCHAS T,BEDNAREK M,GIUSTINIANO D,et al. Poster abstract:practical limits of WiFi time-of-flight echo techniques[C]//IPSN-14 Proceedings of the 13th International Symposium on Information Processing in Sensor Networks. Berlin,Germany. IEEE,:273-274.

[80] XIE Y X,LI Z J,LI M. Precise power delay profiling with commodity Wi-Fi[C]//IEEE Transactions on Mobile Computing. IEEE,:1342-1355.

[81] SEN S,RADUNOVIC B,CHOUDHURY R R,et al. You are facing the Mona Lisa:spot localization using PHY layer information[C]//Proceedings of the 10th international conference on Mobile systems,applications,and services - MobiSys '12. June 25-29,2012. Low Wood Bay,Lake District,UK. New York:ACM Press,2012:183-196.

[82] XIAO J,WU K S,YI Y W,et al. FIFS:fine-grained indoor fingerprinting system [C]//2012 21st International Conference on Computer Communications and Networks (ICCCN). Munich,Germany. IEEE,:1-7.

[83] SEN S,CHOUDHURY R R,NELAKUDITI S. SpinLoc:spin once to know your location[C]//Proceedings of the Twelfth Workshop on Mobile Computing Systems & Applications - HotMobile '12. February 28-29, 2012. San Diego, California. New York:ACM Press,2012:12-18.

[84] CHAPRE Y,IGNJATOVIC A,SENEVIRATNE A,et al. CSI-MIMO:an efficient Wi-Fi fingerprinting using Channel State Information with MIMO[J]. Pervasive and Mobile Computing,2015,23:89-103.

[85] XIAO J,WU K S,YI Y W,et al. Pilot:passive device-free indoor localization using channel state information[C]//2013 IEEE 33rd International Conference on Distributed Computing Systems. Philadelphia,PA,USA. IEEE,:236-245.

[86] ABDEL-NASSER H,SAMIR R,SABEK I,et al. MonoPHY:Mono-stream-based device-free WLAN localization via physical layer information[J]. 2013 IEEE Wireless Communications and Networking Conference (WCNC),2013:4546-4551.

[87] SABEK I,YOUSSEF M. MonoStream:a minimal-hardware high accuracy device-free WLAN localization system[EB/OL]. 2013:arXiv:1308. 0768[cs. NI]. https://arxiv.org/abs/1308. 0768

[88] HANIZ A,TRAN G K,SAKAGUCHI K,et al. Localization of illegal radios utilizing cross-correlation of channel impulse response with interpolation in urban scenarios [C]//MILCOM 2015 - 2015 IEEE Military Communications Conference. Tampa,FL,USA. IEEE,:210-215.

[89] ZHOU T Y,LIAN B W,ZHANG Y,et al. Amp-phi:a CSI-based indoor positioning

system[J]. International Journal of Pattern Recognition and Artificial Intelligence, 2018,32(9):1858005.

[90] WANG X Y,GAO L J,MAO S W,et al. DeepFi:Deep learning for indoor fingerprinting using channel state information[C]//2015 IEEE Wireless Communications and Networking Conference. New Orleans,LA,USA. IEEE,:1666-1671.

[91] WANG X Y,GAO L J,MAO S W. PhaseFi:phase fingerprinting for indoor localization with a deep learning approach[C]//2015 IEEE Global Communications Conference. San Diego,CA,USA. IEEE,:1-6.

[92] WANG X Y,WANG X Y,MAO S W. ResLoc:Deep residual sharing learning for indoor localization with CSI tensors[C]//2017 IEEE 28th Annual International Symposium on Personal,Indoor,and Mobile Radio Communications. Montreal,QC,Canada. IEEE,:1-6.

[93] CHEN H,ZHANG Y F,LI W,et al. ConFi:convolutional neural networks based indoor Wi-Fi localization using channel state information[J]. IEEE Access, 5: 18066-18074.

[94] WANG X Y,GAO L J,MAO S W. BiLoc:Bi-modal deep learning for indoor localization with commodity 5GHz WiFi[J]. IEEE Access,5:4209-4220.

[95] HE S N,CHAN S H G. Wi-Fi fingerprint-based indoor positioning:recent advances and comparisons[J]. IEEE Communications Surveys & Tutorials, 2016, 18(1): 466-490.

[96] SAVAZZI S,NICOLI M,CARMINATI F,et al. A Bayesian approach to device-free localization:modeling and experimental assessment[J]. IEEE Journal of Selected Topics in Signal Processing,2014,8(1):16-29.

[97] HE S N,CHAN S H G,YU L,et al. SLAC:calibration-free pedometer-fingerprint fusion for indoor localization[J]. IEEE Transactions on Mobile Computing, 2018, 17(5):1176-1189.

[98] HE S N,LIN W B,CHAN S H G. Indoor localization and automatic fingerprint update with altered AP signals[J]. IEEE Transactions on Mobile Computing,2017,16(7):1897-1910.

[99] YOUSSEF M,AGRAWALA A. The Horus location determination system[J]. Wireless Networks,2008,14(3):357-374.

[100] SU W, LIU E, CALVERAS AUG? A M, et al. Design and realization of precise indoor localization mechanism for Wi-Fi devices[J]. KSII Transactions on Internet and Information Systems,2016,10(12): 5422-5441.

[101] BAHL P,PADMANABHAN V N. RADAR:an in-building RF-based user location and tracking system[C]//Proceedings IEEE INFOCOM 2000. Conference on Computer Communications. Nineteenth Annual Joint Conference of the IEEE Computer and Communications Societies (Cat. No. 00CH37064). Tel Aviv, Israel. IEEE,: 775-784.

[102] CHEN D,DU L,JIANG Z P,et al. A fine-grained indoor localization using multidimensional Wi-Fi fingerprinting[C]//2014 20th IEEE International Conference on Parallel and Distributed Systems. Hsinchu,Taiwan,China. IEEE,:494-501.

[103] MIROWSKI P,MILIORIS D,WHITING P,et al. Probabilistic radio-frequency fingerprinting and localization on the Run[J]. Bell Labs Technical Journal,2014,18(4):111-133.

[104] JIA Y T,WANG Y Z,JIN X L,et al. Location prediction[J]. ACM Transactions on Intelligent Systems and Technology,2016,7(3):1-25.

[105] MIROWSKI P,WHITING P,STECK H,et al. Probability kernel regression for WiFi localisation[J]. Journal of Location Based Services,2012,6(2):81-100.

[106] XIAO Z L,WEN H K,MARKHAM A,et al. Lightweight map matching for indoor localisation using conditional random fields[C]//IPSN-14 Proceedings of the 13th International Symposium on Information Processing in Sensor Networks. Berlin, Germany. IEEE,:131-142.

[107] DU Y,YANG D,XIU C. A novel method for constructing a WIFI positioning system with efficient manpower[J]. Sensors (Basel),2015,15(4):8358-8381.

[108] CHEN L,LI B,ZHAO K,et al. An improved algorithm to generate a Wi-Fi fingerprint database for indoor positioning[J]. Sensors (Basel,Switzerland),2013,13(8):11085-11096.

[109] LIU Y X,DENG Z L,YIN L. Gradient boost decision tree fingerprint algorithm for Wi-Fi localization[C]//China Satellite Navigation Conference (CSNC) 2018 Proceedings,2018: 501-509.

[110] ATIA M M,NOURELDIN A,KORENBERG M J. Dynamic online-calibrated radio maps for indoor positioning in wireless local area networks[J]. IEEE Transactions on Mobile Computing,2013,12(9):1774-1787.

[111] ZHOU M,TANG Y X,TIAN Z S,et al. Semi-supervised learning for indoor hybrid fingerprint database calibration with low effort[J]. IEEE Access,5:4388-4400.

[112] JIANG T,YANG X F,CUI X F. Performance enhancement of indoor pedestrian positioning with two-order Bayesian estimation based on EKF and PF[J]. Symmetry, 2017,9(6):91.

[113] CAI S,LIAO W X,LUO C Q,et al. CRIL:an efficient online adaptive indoor localization system [J]. IEEE Transactions on Vehicular Technology, 2017, 66 (5): 4148-4160.

[114] XIAO Z L, WEN H K, MARKHAM A, et al. Indoor tracking using undirected graphical models [J]. IEEE Transactions on Mobile Computing, 2015, 14 (11): 2286-2301.

[115] ARULAMPALAM M S,MASKELL S,GORDON N,et al. A tutorial on particle filters for online nonlinear/non-Gaussian Bayesian tracking[J]. IEEE Transactions on Signal Processing,2002,50(2):174-188.

[116] RAI A, CHINTALAPUDI K K, PADMANABHAN V N, et al. Zee: zero-effort crowdsourcing for indoor localization[C]//Mobicom '12: Proceedings of the 18th annual international conference on Mobile computing and networking. 2012: 293-304.

[117] GAO Y, YANG Q X, LI G F, et al. XINS: the anatomy of an indoor positioning and navigation architecture[C]//MLBS '11: Proceedings of the 1st international workshop on Mobile location-based service. 2011: 41-50.

[118] XIAO J, ZHOU Z M, YI Y W, et al. A survey on wireless indoor localization from the device perspective[J]. ACM Computing Surveys, 2016, 49(2): 1-31.

[119] 史岩岩, 丁恩杰, 奚锦锦, 等. 基于 IEEE802.11 协议的巷道网络无盲区覆盖研究[J]. 煤炭科学技术, 2012, 40(5): 86-88.

[120] 李春文, 邢智鹏, 陆思聪. 面向人员定位应用的煤矿巷道网络全局化建模[J]. 清华大学学报(自然科学版), 2017, 57(3): 312-317.

[121] YIU S, DASHTI M, CLAUSSEN H, et al. Wireless RSSI fingerprinting localization [J]. Signal Processing, 2017, 131: 235-244.

[122] 张在琛, 尤肖虎, 党建, 等. 无线光通信与物联网[J]. 物联网学报, 2022, 6(3): 1-13.

[123] 张小龙, 张氢, 秦仙蓉, 等. 基于 ITD 复杂度和 PSO-SVM 的滚动轴承故障诊断[J]. 振动与冲击, 2016, 35(24): 102-107.

[124] 刘先桥, 杨凡, 阮定良, 等. 无线通信中自适应调制技术的现状与发展[J]. 微处理机, 2017, 38(3): 34-37.

[125] WANG J, ZHANG L C, WANG X, et al. A novel CSI pre-processing scheme for device-free localization indoors[C]//S3: Proceedings of the Eighth Wireless of the Students, by the Students, and for the Students Workshop. 2016: 6-8.

[126] HALPERIN D, HU W J, SHETH A, et al. Tool release[J]. ACM SIGCOMM Computer Communication Review, 2011, 41(1): 53.

[127] XIAO Y. IEEE 802.11n: enhancements for higher throughput in wireless LANs[J]. IEEE Wireless Communications, 2005, 12(6): 82-91.

[128] SEN S, LEE J, KIM K H, et al. Avoiding multipath to revive inbuilding WiFi localization[C]//MobiSys '13: Proceeding of the 11th annual international conference on Mobile systems, applications, and services. 2013: 249-262.

[129] LIU X F, CAO J N, TANG S J, et al. Wi-sleep: contactless sleep monitoring via WiFi signals[C]//2014 IEEE Real-Time Systems Symposium. Rome, Italy. IEEE,: 346-355.

[130] BHATNAGAR A, GUPTA K, PANDHARKAR U, et al. Comparative analysis of ICA, PCA-based EASI and wavelet-based unsupervised denoising for EEG signals [C]//Computing, Communication and Signal Processing, 2019: 749-759.

[131] ZHANG L, DING E J, ZHAO Z K, et al. A novel fingerprinting using channel state information with MIMO-OFDM[J]. Cluster Computing, 2017, 20(4): 3299-3312.

[132] LANDSTROM D, WILSON S K, VAN DE BEEK J J, et al. Symbol time offset estimation in coherent OFDM systems[J]. IEEE Transactions on Communications,

2002,50(4):545-549.

[133] NG M K,CHAN R H,TANG W C. A fast algorithm for deblurring models with Neumann boundary conditions[J]. SIAM Journal on Scientific Computing,1999,21(3):851-866.

[134] VAPNIK V N. An overview of statistical learning theory[J]. IEEE Transactions on Neural Networks,1999,10(5):988-999.

[135] SURYANARAYANA C,SUDHEER C,MAHAMMOOD V,et al. An integrated wavelet-support vector machine for groundwater level prediction in Visakhapatnam, India[J]. Neurocomputing,2014,145:324-335.

[136]VAPNIK V. The nature of statistical learning theory[M]. Berlin:Springer science & business media, 2013.

[137] ZHOU R,CHEN J S,LU X,et al. CSI fingerprinting with SVM regression to achieve device-free passive localization[C]//2017 IEEE 18th International Symposium on A World of Wireless,Mobile and Multimedia Networks (WoWMoM). Macao,China. IEEE,:1-9.

[138] SHI S Y,SIGG S,JI Y S. Probabilistic fingerprinting based passive device-free localization from channel state information[C]//2016 IEEE 83rd Vehicular Technology Conference. Nanjing,China. IEEE:1-5.

[139] JIANG H K,WANG F A,SHAO H D,et al. Rolling bearing fault identification using multilayer deep learning convolutional neural network[J]. Journal of Vibroengineering,2017,19(1):138-149.

[140] DENG W,YAO R,ZHAO H M,et al. A novel intelligent diagnosis method using optimal LS-SVM with improved PSO algorithm[J]. Soft Computing,2019,23(7):2445-2462.

[141]Mirjalili S. Genetic algorithm[M]// Evolutionary Algorithms and Neural Networks. Springer, Cham, 2019: 43-55.

[142] MO J Q,XUE W,ZHAO S B,et al. Application of QGA-BP network in objective evaluation of speech jamming effect[C]//2018 IEEE International Conference on Mechatronics and Automation. Changchun,China. IEEE,:1542-1546.

[143] SHAO H D,JIANG H K,ZHANG X,et al. Rolling bearing fault diagnosis using an optimization deep belief network[J]. Measurement Science and Technology,2015,26(11):115002.

[144] WANG F A,JIANG H K,SHAO H D,et al. An adaptive deep convolutional neural network for rolling bearing fault diagnosis[J]. Measurement Science and Technology,2017,28(9):095005.

[145] HASSAN M F B,BONELLO P. A neural network identification technique for a foil-air bearing under variable speed conditions and its application to unbalance response analysis[J]. Journal of Tribology,2017,139(2): 108-120.

[146] MALHI A,YAN R Q,GAO R X. Prognosis of defect propagation based on recur-

rent neural networks[J]. IEEE Transactions on Instrumentation and Measurement, 2011,60(3):703-711.

[147] KARIM F,MAJUMDAR S,DARABI H,et al. LSTM fully convolutional networks for time series classification[J]. IEEE Access,6:1662-1669.